DAS ELEKTRISCHE FERNSEHEN UND DAS TELEHOR

VON

DÉNES VON MIHÁLY

*

MIT 112 TEXTFIGUREN
ZWEITE, DURCH EINEN NACHTRAG
ERWEITERTE AUSGABE

VERLAG VON M. KRAYN / BERLIN W
1 · 9 · 2 · 6

VORWORT ZUR ZWEITEN AUSGABE.

Seit ich dieses Büchlein geschrieben habe, hat sich die Frage des Fernsehens gewaltig entwickelt. Sowohl meine neueren Forschungen wie auch das Resultat fremder Versuche hatte zur praktischen Lösung dieser hochwichtigen Frage eine Menge neue Bausteine geliefert. Die neuen Resultate ermöglichten sowohl die Erleichterung der grundlegenden Prinzipien, wie zum Teil die Vervollkommnung der einzelnen Organe und auch konstruktive Vereinfachungen. Seither gelangten die in den früheren Kapiteln geplanten Konstruktionen zur Verwirklichung und ermöglichten die Feststellung neuer praktischer Resultate.

Für all diejenigen, die sich für diese Frage interessieren, ist es von Wichtigkeit, diese Resultate kennenzulernen, und so faßte ich den Entschluß, die weitere Entwicklung des Fernsehens weiter zu besprechen, und zwar werde ich über die neuen Resultate berichten, die bei den Grundprinzipien erreicht wurden, und mich mit den neueren Konstruktionen befassen.

Berlin, den 20. November 1925.

Dénes von Mihály.

VORWORT ZUR ERSTEN AUSGABE.

In den Frühlingstagen von 1918, als die Mittelmächte sich zur letzten Entscheidungsoffensive gegen einen 25 fach überlegenen, technisch ungleich besser ausgerüsteten Feind anschickten, erzählte mir Dénes von Mihály von seinem Fernsehprojekt. Obwohl meine Gedanken damals auf für die Landesverteidigung wichtigere Dinge gerichtet waren, konnte ich mich der außerordentlichen Tragweite der Mihályschen Ideen nicht entziehen. Einen uralten Traum der Menschheit galt es zu verwirklichen: in die Ferne zu sehen und das zu erschauen, was räumlich weit entfernt ist. Ein Gegenstück galt es zu schaffen zum Draht- oder Radiotelephon. Die Durcharbeitung, Ausführung und Nutzbarmachung für den praktischen Betrieb mußten auf den Friedenszustand verschoben werden. Die ungünstigen wirtschaftlichen und sonstigen Verhältnisse, unter denen wir zu leben gezwungen sind, haben indessen bisher eine völlige Ausreifung und Überführung der Mihályschen Ideen in die Praxis noch nicht erlaubt. Es ist aber zu hoffen, daß dieses nunmehr in kurzem der Fall sein wird.

In dem Buche entrollt sich das ganze Problem vor unseren Augen: die ersten, weit zurückliegenden tastenden Versuche, die weiter vorgeschrittenen Konstruktionen entsprechend besserer Übersicht und vervollkommneteren technischen Mittel, die großen Leistungen der elektrischen Bildübertragung von A. Korn und ähnliches wird behandelt. Ferner werden die außerordentlichen Schwierigkeiten besprochen, welche der direkten Verwirklichung des Fernsehens sich entgegensetzen, und es werden die vielerlei Bemühungen zahlreicher Erfinder kritisch dargestellt. Schließlich wird in dem Buche auf die Mihályschen Erfindungen auf diesem Gebiete näher eingegangen. Hier sind es drei Gegenstände, welche den technischen Physiker besonders interessieren: die Lösung der Mihályschen Selenzellenfrage, die eigenen Wege, welche Mihály bezüglich der Schaffung eines Oszillographen gegangen ist, sowie schließlich und in der Hauptsache seine Synchronisierungsvorrichtung. Die verschiedenen Ausführungsformen, welche das Telehor bisher gefunden hat, und das Projekt eines neuen, alle Einzelerfindungen berücksichtigenden Apparates folgen sodann; die Aussichten und Anwendungsgebiete des Telehors beschließen das Buch.

Die Darstellung zeigt im Gegensatz zu manchen Erfindern, welche, in industriellem Dienste stehend, nur bestrebt sind, möglichst viele „patentfähige Ideen“ auf das Papier zu bringen, welche „bilanzmäßig“ verwertet werden können, einen gottbegnadeten Erfinder mitten in seiner Tätigkeit. Ich zweifle nicht daran, daß diese rein persönliche Note des Buches demselben einen besonderen Wert verleiht; zeigt es doch, wie der Erfinder, ringend um die Konzeption des Gesamtgedankens, Stück für Stück seines Fernsehers zusammenschweißt.

Es ist zu hoffen, daß es gelingen wird, den Fernseher restlos auszugestalten und in den Dienst menschlicher Kultur zu stellen, da auch er berufen erscheint, daran mitzuwirken, die Völker wieder einander näher zu bringen.

Berlin, März 1923.

Dr. Eugen Nesper.

EINLEITUNG.

Als ich dieses Büchlein zu schreiben begann, schwebte mir nur ein Ziel vor Augen: Alles zusammenzufassen, was in den letzten 20 Jahren über das interessante Problem des Fernsehens bekannt wurde und hierdurch dazu beizutragen, daß diese heute schon als gelöst zu betrachtende Frage weiten Kreisen der Interessenten übermittelt werde, und daß durch deren gemeinsame Energie das Fernsehen in eine praktische Form gebracht, möglichst bald in den Dienst der modernen Kultur gestellt werde.

In den nachfolgenden Kapiteln gedenke ich die technischen Kreise zuerst mit jenen Grundlagen bekannt zu machen, auf welche fußend ich mich mit der Lösung des Fernsehproblems zu beschäftigen begann. Dann gedenke ich die schon erreichten Resultate, ferner die Aussichten und die noch zu bewältigenden Arbeiten zu erörtern, welche zur schnellen Verwirklichung des Problems für das praktische Leben führen können.

Ich hoffe, daß nach Durchsicht dieses Büchleins jeder Techniker, der im Experimentieren bewandert ist, die Überzeugung gewinnen wird, daß das Problem des Fernsehens heute schon als kein Problem mehr anzusehen ist.

Indem ich noch hoffe, daß dieses Buch das Interesse der Fachleute auf dieses Problem leiten wird, kann ich nicht umhin, auch an dieser Stelle meinen Dank jenen Herren auszusprechen, die meine Experimente beim Problem des Fernsehens unterstützten.

Großen Dank schulde ich Sr. Exzellenz Herrn Stöger-Steiner, ehem. k. u. k. Kriegsminister, Sr. Exzellenz Herrn Feldmarschall Schleyer und Herrn Oberst Dr. Wächter, die die große Wichtigkeit des Problems erfassend, durch ihre moralische Unterstützung es mir ermöglichten, daß ich die Experimente beginnen konnte; ferner schulde ich Dank Herrn Direktor C. Neuhold, der bei der Telefonfabrik A.-G. in Budapest für die Experimente Platz verschaffte und dieselben, sowohl materiell wie moralisch, selbst unter den schwierigsten Verhältnissen immer unterstützte, und Herrn Dr. Eugen Nesper, der außer seiner moralischen Unterstützung durch seine hervorragenden technischen Ratschläge den heutigen Stand der Lösung des Problems ermöglichte.

Ich muß hier schließlich noch meiner Assistenten, Dr. Wilhelm Turtsányi und Alexander Szappanyos, Diplom-Ingenieure, gedenken und ihnen meinen Dank aussprechen dafür, daß sie während der oftmals beschwerlichen und deprimierenden Versuchsreihen immer mit dem größten Eifer und mit ihrem ganzen Wissen mir zur Seite standen und mir neue Kraft zu meinen Forschungen liehen.

Budapest, am 1. Mai 1922.

Dénes von Mihály.

Hilfsquellen und Literatur:

Arthur Korn und Bruno Glatzel: „Handbuch der Phototelegraphie und Teleautographie".

E. Liesegang: „Beiträge zum elektrischen Fernsehen".

C. Ries: „Die elektrischen Eigenschaften und die Bedeutung des Selens".

Ernst Orlich: „Aufnahme und Analyse von Wechselstromkurven".

Ernst Ruhmer: „Das Selen".

W. Jaeger: „Elektrische Meßtechnik".

R. Pohl: „Elektrische Fernübertragung von Bildern".

R. Markau: „Telephonie ohne Draht".

Eugen Nesper: „Handbuch der drahtlosen Telegraphie und Telephonie".

INHALTSVERZEICHNIS.

1. Das Problem des elektrischen Fernsehers.

Arthur Korn, der Erfinder der Phototelegraphie hat in seinem Buche „Handbuch der Phototelegraphie“ vom Jahre 1911 das Kapitel der Experimente über das Fernsehen mit folgenden Worten abgeschlossen: „Kehren wir nun aber wieder auf den Boden der Wirklichkeit zurück, so kommen wir doch zu dem Resultat, daß mit den uns zurzeit bekannten Hilfsmitteln das Fernsehen in einer praktisch ausführbaren Form, — mit Hilfe einer Leitung oder einer kleineren Zahl von Leitungen, — nicht gelöst werden kann.“

Kaum 11 Jahre sind seither verflossen, daß einer der gründlichsten Kenner dieses Zweiges der Technik durch diesen Satz einen alten Traum der Menschheit für unmöglich erklärte, und siehe, diese kurze Spanne Zeit genügte der nie rastenden technischen Forschung zur Schaffung der notwendigen Hilfsmittel und heute, — wo ich auf Grund 10jähriger Studien und Versuche den Stand dieser Frage dem Fachpublikum und den sich hierfür interessierenden Laien zusammenfassend vortrage, — wage ich es ruhig zu behaupten, daß das elektrische Fernsehen aufgehört hat, ein Problem zu sein und daß nur noch die Aufgabe der praktischen Konstruktion übrig ist, um auch diesen wichtigen Apparat in den Dienst des Weltverkehrs und der Wissenschaft stellen zu können.

A. Was ist das Fernsehen?

Was ist also eigentlich das Fernsehen? Es ist nicht uninteressant, den Begriff des elektrischen Fernsehens in jener Form zu präzisieren, welche zu erreichen die technische Welt seit der praktischen Einführung des Telephons so intensiv trachtete. Im Gegensatz zu den verschiedenen phantastischen Vorstellungen soll der gewünschte Fernseh-Apparat ein solcher Doppelapparat sein, welcher die in der „Camera obscura“ erscheinenden optischen Bilder ganz und auf einmal, nur mittels elektrischer Verbindung auch im anderen Apparate sichtbar macht, also unabhängig von der Entfernung und den optischen Hindernissen.

Die Aufgabe war also: die Schaffung eines solchen Apparates, welcher die Uebermittlung des Sehens in derselben Weise ermöglicht, wie das Telephon jene der Sprache. Der Unterschied zwischen der Phototelegraphie und dem Fernsehen ist beiläufig derselbe, wie zwischen dem Telegraphen und dem Telephon. Das eine ist ein mittels verschiedener Hilfsmittel verbundenes Uebertragungs-Verfahren, während das andere sozusagen die Verlängerung unserer Sinnesorgane dadurch ermöglicht, daß es durch das die Erde umspannende Drahtnetz, des Nervensystems der modernen Menschheit, die Wahrnehmung — selbst, an und für sich vermittelt. Bei dem Telegraphen wird die erzählte oder beschriebene Mitteilung in Zeichen verwandelt zur Empfängerstation geleitet, wo man die in Zeichen angelangte Mitteilung sozusagen in den normalen Text übersetzt. Das Telefon hingegen gibt den Text der Mitteilung unmittelbar wieder.

B. Verhältnis der Phototelegraphie zum Fernsehen.

Beiläufig ist dies das Verhältnis zwischen der Phototelegraphie und dem Fernsehen. Während man zur Uebermittlung durch die Phototelegraphie von dem weiter zu leitenden Bilde eine gute Photographie herstellen muß, deren einzelne Punkte nacheinander telegraphisch übermittelt werden und dann auf der Wiedergabestation Lichtpunkte von den elektrischen Zeichen entsprechender Intensität hervorbringen muß, die auf einem lichtempfindlichen Film Punkt für Punkt „exponiert" werden, müssen diese Punkte weiter zu einem Bilde vereinigt werden; während das Bild nur nach entsprechenden Hervorrufen sichtbar wird, macht bei dem Fernseh-Apparat die Wiedergabestation ohne jedes photographische Verfahren das Bild vollkommen und sofort sichtbar, so wie dieses in der Dunkelkammer der Aufgabestation erschienen ist.

In der Methode der Uebermittlung aber ist der Unterschied zwischen dem Phototelegraphen und dem Fernseher nicht so groß, wie zwischen dem Telegraphen und dem Telephon, ja man kann sogar behaupten, daß die Methode dem Wesen nach dieselbe ist. Das Bild wird nämlich, ohne Rücksicht darauf, ob es ein auf der photographischen Platte fixiertes Bild oder ein auf der Aufnahmescheibe der Dunkelkammer erscheinendes Bild ist, bei der Phototelegraphie auf dieselbe Weise vermittelt, wie bei dem Fernsehen. Das Prinzip ist folgendes:

C. Prinzip der Phototelegraphie und damit auch des Fernsehens.

Jedes Bild kann man als ein Konglomerat von lichteren und dunkleren Punkten auffassen, welche in gedrängterer oder loserer Verteilung nebeneinander Platz gefunden haben. Derjenige, der ein gedrucktes photographisches Bild bei guter Vergrößerung betrachtet, kann die sogenannten „Raster“ oder, wie der technische Ausdruck in der Phototelegraphie lautet, die „Bildelemente“ sehen. Die Weiterleitung dieser Bildelemente geschieht in der Weise, daß die Aufgabestation sämtliche Bildelemente in bestimmter Reihenfolge in solche elektrische Wirkungen verwandelt, daß für die „lichtstarken“ (hellen) Punkte, starke, für die dunkleren ihrer Intensität entsprechend schwächere elektrische Impulse der Wiedergabestation übermittelt werden. Der „Umwertungsprozeß“ selbst geschieht auf Grund der einen oder anderen lichtelektrischen Erscheinung.

Der Bildtelegraph von Korn z. B. benutzt jene Eigenschaft des grauen kristallinischen Selens, dessen elektrischer Widerstand zur auffallenden Lichtintensität im umgekehrten Verhältnisse steht. Die Wiedergabestation — der Empfänger — stellt nun Lichtpunkte her, deren Intensität der verschiedenen Intensität der anlangenden

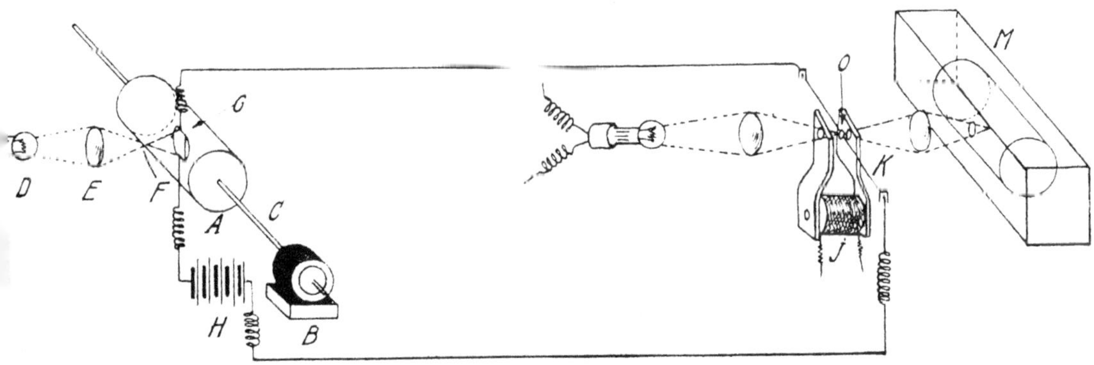

Fig. 1. Phototelegraph nach A. Korn.

elektrischen Impulse entsprechen, und diese Lichtpunkte gruppiert sie in derselben Reihenfolge, in welcher die Aufgabestation das Bild in seine Elemente zerlegte.

Wenn wir nun die aneinander gereihten Punkte — die „Bildelemente“ — an ihren Stellen z. B. dadurch fixieren, daß wir dieselben auf eine lichtempfindliche Platte projizieren, so gewinnen wir aus dunkleren und helleren Pünktchen zusammengesetzt die Reproduktion des telegraphisch übermittelten Bildes.

Um die Phototelegraphie besser zu verstehen und um die Konstruktionsfragen des Fernseh-Apparates klarer hervorzuheben, betrachten wir die Wirkungsweise des auf Figur 1 dargestellten Phototelegraphen nach A. Korn.

Die von dem zu übertragenden Bilde verfertigte durchsichtige Filmphotographie wird auf den Glaszylinder *A* befestigt, welchen der Elektromotor *B* mittels der als Schraubenspindel ausgebildeten Achse derart in Drehung versetzt, daß der Zylinder sich in der axialen Richtung langsam weiter bewegt Während dieser schraubenförmigen Bewegung gelangt also jeder Punkt des Bildes der Reihe nach vor den Brennpunkt *F* der durch die Linse *E* gesammelten Strahlen der Lampe *D*. Je nachdem nun dunklere oder hellere Punkte des Bildes vor den Brennpunkt gelangen, dringt mehr oder weniger Licht in den Glaszylinder. Im Glaszylinder fällt das sich fortwährend verändernde Licht auf eine Selenzelle *G*, welche, mit der elektrischen Batterie *H* in Reihe geschaltet, den Strom in die Leitung führt. Die Selenzelle hat nun aber, wie dies später eingehend besprochen wird, die besondere Eigenschaft, daß, obzwar ihr elektrisches Leitungsvermögen sehr klein, d. h. ihr elektrischer Widerstand sehr groß ist, dieses Leitungsvermögen von ihrer Belichtung abhängt, und zwar leitet die Zelle den Strom um so besser, je stärkeres Licht auf sie fällt. Mit anderen Worten: der elektrische Widerstand der Zelle verändert sich im umgekehrten Verhältnis mit der Belichtung. Wenn also während der Drehung des Bildes zwischen die Lichtquelle und die Selenzelle dunklere, oder hellere Punkte desselben Bildelementes gelangen, so ist es klar, daß die Selenzelle entsprechend der Durchsichtigkeit des Bildes mehr oder weniger Strom in die Leitung gelangen läßt. Die Bildelemente sind also der Reihe nach in elektrische Impulse verwandelt worden.

In der Wiedergabestation wird der der Intensität der Bildelemente entsprechend fluktuierende Strom in das sogenannte „Lichtrelais“ *J* geleitet. Dieses ist eine sehr dünne Platinsaite, welche zwischen den Polen des Magneten *K* ausgespannt ist. Eine solche Vorrichtung wird in der elektrischen Instrumenten-Technik „Saitengalvanometer“ genannt und es hat die Eigenschaft, daß, wenn in der Saite ein elektrischer Strom fließt, sich die Saite senkrecht zu den magnetischen Kraftlinien bewegt und zwar je nach der Richtung des Stromes aufwärts oder abwärts. Im vorliegenden Falle ist das Instrument derart abgeändert, daß die Magnetpole durchbohrt sind und daß man durch diese Bohrung hindurch das Licht der Lampe mittels Linsen auf den Glaszylinder in der Dunkelkammer *M* projizieren kann. Auf den Glaszylinder ist ein lichtempfindlicher Film befestigt und ein Elektromotor erteilt dem Zylinder eine ebensolche Schraubenbewegung, wie sie der Zylinder des oben beschriebenen Sendeapparates ausführt. Den Weg der Lichtstrahlen verstellt aber ein kleines Aluminiumblättchen *O*, das zwischen den Polbohrungen auf der Platinsaite befestigt ist. Infolge dieses Hindernisses gelangen die Lichtstrahlen nur

Fig. 2. Originalbild und mittels des Korn'schen Phototegraphs übertragenes Bild (rechts).

dann auf den lichtempfindlichen Film, wenn die Saite ihre Lage verändert. Dies hängt aber, wie wir wissen, davon ab, ob in der Aufgabestation zwischen Lichtquelle und Selenzelle ein helles oder dunkles Bildelement gelangt. Wenn das sich bewegende Bildelement hell ist, fällt mehr Licht auf die Selenzelle, welche also mehr Strom durchläßt, wodurch auf der Wiedergabestation die Saite sich verschiebt, den Lichtstrahlen den Weg freigibt, der Lichtpunkt auf dem Film hell aufleuchtet und nach erfolgter Entwicklung daher an dieser Stelle ein schwarzer Punkt erscheint. Wir erhalten also das Negativ des Originalbildes. Sobald der Film mit seinen sämtlichen Punkten vor dem Lichtrelais vorbei bewegt ist, wird der Film abgenommen, entwickelt und das Negativ des aufgenommenen Bildes ist fertig, worauf mittels des bekannten photographischen Verfahrens beliebig viele Positive verfertigt werden können.

Ob und in welchem Maße dieses telegraphierte, oder wie man es nennt „phototelegraphierte“ Bild, genaue Nachbildung des Originalbildes ist, hängt davon ab, wie klein die einzelnen Bildelemente waren. Dies hängt von der Größe der Belichtungsöffnungen, von der Schärfe der Brennpunkte und von der Rotationsgeschwindigkeit der Uebertragungszylinder ab.

In Fig. 2 ist ein mittels des Korn'schen Phototelegraphen übertragenes Bild mit dichteren und weniger dichten Bildelementen dargestellt.

D. Unterschiede des Fernsehers gegenüber dem Phototelegraphen.

Betrachten wir nun, was eigentlich die Aufgabe eines Fernseh-Apparates ist, verglichen mit jener eines Bildtelegraphen. Auch in diesem Falle müssen wir ein Bild übertragen, es steht uns aber kein fixiertes photographisches Bild zur Verfügung, sondern wir müssen dasjenige Bild übertragen, welches auf der Mattscheibe eines Photographenapparates erscheint, wenn man das Objektiv des Apparates auf das gewünschte Objekt gerichtet und „scharf“ eingestellt hat. Bei der Reproduktion aber, welche mit der Aufnahme zu gleicher Zeit — wenigstens unserem Bewußtsein nach zu gleicher Zeit — hergestellt werden muß, steht uns auch zur Fixierung der Bildelemente kein lichtempfindlicher Film mehr zur Verfügung, welcher die der Reihe nach anlangenden Elemente sammeln würde, wir müssen daher in diesem Falle sämtliche, den einzelnen Bildelementen entsprechenden Lichtpunkte auf einmal sehen, damit unser Auge den Eindruck eines Bildes empfängt, d. h. wir müssen entweder sämtliche Bildelemente *auf einmal übertragen*, oder, was im Endresultat denselben Eindruck hervorruft, die Bildelemente *in solcher Geschwindigkeit nacheinander übertragen*, daß unser Auge dieselben als zu gleicher Zeit entstanden empfindet.

a) Ausnutzung der Trägheit des menschlichen Auges.

Diese letzte Eventualität ist tatsächlich die einzige Lösungsmöglichkeit, nämlich jene Eigenschaft des menschlichen Auges zu benützen, *daß es die innerhalb einer* $1/8$ *Sekunde* ablaufenden Lichterscheinungen infolge seiner Trägheit voneinander nicht unterscheiden kann.

Die oben skizzierten scheinbar kleinen Abänderungen der Phototelegraphie stoßen in der Wirklichkeit auf außerordentliche Schwierigkeiten. Und obwohl vielleicht die scheinbare Leichtigkeit des Problems sehr viele Forscher zur Lösung anlockte, hat der Kampf zur Erreichung dieses Zieles schon länger als 50 Jahre gedauert.

Aus Obigem ersehen wir, daß, abgesehen von einigen wenigen Formänderungen, es sich im Wesen darum handelt, den phototelegraphischen Prozeß bei einem Bilde in kürzerer Zeit als 1/8 Sekunde, sagen wir während 1/10 Sekunde, abspielen zu lassen.

b) Forderung 25000 Bildeindrücke pro Sekunde zu übertragen.

Wenn wir uns mit einer Größe der Bildelemente von 1 mm^2 begnügen — was noch ein sehr grob unterteiltes Bild gibt — und falls wir nur ein Bild von der Größe 5×5 cm übertragen wollen, so bedeutet schon dies 2500 zu übertragende Bildelemente in 1/10 Sekunde, d. h. 25 000 Bildelemente pro Sekunde, um das übertragene Bild als ununterbrochen zu empfinden. Jeder Teil des Fernseh-Apparates muß daher im Stande sein, in der Sekunde mindestens 25000 Aenderungen zu registrieren. Während also beim Phototelegraphen die Uebertragung während einer beliebigen Zeit stattfindet — beim Phototolegraphen von Korn z. B. nimmt die Uebertragung eines ähnlich großen Bildes ca. 6 Minuten in Anspruch —, sind wir beim Fernsehen im Gegenteil an eine bestimmte Zeitdauer von höchstens 1/10 Sekunde gebunden. Dieses Gebundensein, bezw. die hieraus folgende hohe Frequenz, welcher jeder Teil des Fernsehapparates zu bewältigen im Stande sein muß, hat die außerordentlichen Schwierigkeiten der Verwirklichung des Problems verursacht. Nachfolgend sind jene Aufgaben aufgezählt, welche beim Fernseh-Apparat zu lösen waren, ferner jene Schwierigkeiten, die der Lösung im Wege standen.

c) Bildzerlegungsapparat.

1. Die Konstruktion eines Bildzerlegungs-Apparates, der im Stande ist, ein in die Dunkelkammer projiziertes Bild innerhalb 1/10 Sekunde in seine Elemente zu zerlegen (nach unserer beispielsweisen Annahme in 25 000 je 1 mm^2 große Quadrate) und zwar derart, daß von diesen Elementen zu jeder Zeit nur je ein Element den elektrischen Stromkreis beeinflussen kann. Die Zerlegung selbst ist unzweifelhaft derart am besten zu verwirklichen, daß man die

Bildfläche zuerst in 1 mm breite parallele Streifen zerlegt; diese werden wir fernerhin die erste oder „primäre Zerlegung“ nennen; darauf werden diese Streifen nacheinander in Quadrate geteilt. Dies ist die zweite oder „sekundäre Zerlegung“.

Das einfachste Verfahren, das wir nur des besseren Verständnisses wegen in Fig. 3 veranschaulichen, bestände darin, daß wir die Bildfläche — auf der Figur durch das mit dicken Strichen umrahmte Quadrat versinnlicht — durch die lichtundurchlässige Platte *a* abdecken, welche den schmalen Spalt *c* enthält und welche in der Richtung des Pfeiles hin- und herbewegt werden kann. In diesem Falle wäre diese Platte der primäre Zerleger, welcher die Bildfläche innerhalb $^1/_{10}$ Sekunde durchlaufen muß. Diese primäre Zerlegerplatte bedecken wir nun mit der Platte *b*, welche einen schmalen Spalt *d* senkrecht zum primären Spalt enthält. Diese Platte bewegt sich alternativ rechtwinkelig zur Platte *a*. Dieser sekundäre Spalt läßt nun an seinem Kreuzungspunkte mit dem Primärspalte vom Bild immer nur eine 1 mm² große Fläche unbedeckt. Zwischen der Bewegung der zwei Spalten muß aber immer ein sehr enger Zusammenhang bestehen, nämlich: bei jeder 1 mm großen Verrückung des Primärspaltes muß der sekundäre Spalt über diesen entlang laufen. Dies bedeutet aber, daß während der Zeit, in der der Spalt *c* die Bildfläche durchläuft, also während $^1/_{10}$ Sekunde der Spalt *d* fünfzigmal dieselbe durchlaufen muß. Wollten wir die alternative Bewegung der Platten durch einen Kurbelmechanismus hervorbringen, so müßte die primäre Kurbel in der Sekunde 5, das sind in der Minute 300 Umdrehungen machen, die sekundäre Kurbel müßte aber in der $^1/_{10}$ Sekunde 25, in der Sekunde 250, also in der Minute 15000 Umdrehungen ausführen! Der mit so großer Umdrehungszahl arbeitende Apparat würde aber, wenn er auch bei Verzicht der Transportierbarkeit unter großen Schwierigkeiten ausführbar wäre, die äußerste Grenze der Bildteilbarkeit bedeuten. Zu demselben

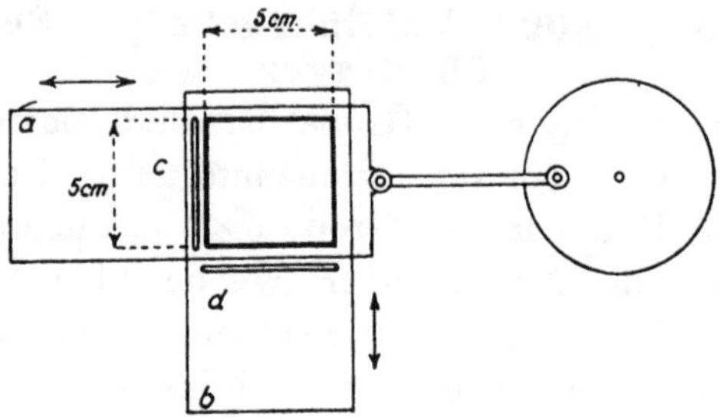

Fig. 3. Prinzip einer einfachen Bildzerlegung.

Resultate gelangen wir auch dann, wenn wir das Bild z. B. in der Weise zu zerlegen trachten, daß wir in der Bildfläche ein Diaphragma von 1 mm² anbringen und das Bild selbst dadurch bewegen, daß wir das Objektiv zwingen, in zwei aufeinander senkrechte Richtungen zu schwingen.

In der Folge werden wir der vielen, oft sehr geistreichen Lösungen gedenken, mittels welcher die einzelnen Forscher dieses Problem zu lösen trachteten — leider ohne jedweden praktischen Erfolg — aber wir können schon jetzt in ihren Hauptzügen jene Forderungen zusammenfassen, welche die Praxis von einem guten Bildzerleger fordert:

a) der Apparat muß möglichst klein und transportabel sein,
b) er muß einer sehr großen, womöglich der oben fixierten Minimalgeschwindigkeit dreimal übertreffenden Geschwindigkeit im Betrieb fähig sein, ohne zu große Kräfte zu beanspruchen, oder unzulässig schnell sich bewegende Teile zu enthalten,
c) die Optik des Zerleger-Apparates muß derart beschaffen sein, daß das ohnehin lichtschwache Bild nicht noch weiter geschwächt werde,
d) der Apparat muß so einfach als möglich sein und sich aus wenigen Bestandteilen zusammensetzen.

Nicht minder große Schwierigkeiten bereitet das zweite Problem, eine Vorrichtung zu finden, welche die mindestens 25000 pro Sekunde zählenden Bildelemente, d. h. Lichtschwankungen, elektrisch zu registrieren im Stande ist.

A. Korn hat in seinem oben erwähnten Werke bei Besprechung der bis dahin aufgetauchten Entwürfe die Schwierigkeit sowohl dieser Frage, als auch der im vorhergehenden Abschnitt besprochenen Frage dadurch zu überwinden gedacht, wenn er statt eines lichtwahrnehmenden Organs, welches auf einmal nur ein Bildelement registrieren kann, eine ganze Reihe, ja sogar eine der ganzen Bildfläche entsprechende Zahl solcher Organe von der Größe eines Bildelementes verwendet, welche dann die der sich langsam ändernden oder ständigen Belichtung entsprechenden Stromänderungen mittels einer Schaltvorrichtung der Leitung bezw. dem Reproduktions-Apparate übermitteln.

Wie wir das später eingehender sehen werden, ist diese Möglichkeit leider die am entferntesten liegende, denn die Stromänderung, die durch die Einschaltung der einzelnen lichtwahrnehmenden Organe, z. B. Selenzellen, verursacht wird, ist meist größer als diejenige, die durch Belichtung des lichtempfindlichen Organes hervorgerufen wird. Abgesehen nun davon, daß es fast unmöglich ist, diese so dicht verteilten lichtwahrnehmenden Organe so herzustellen, daß sie bei ihrer winzigen Oberfläche noch registrierbare Stromänderungen verursachen können, kann man außerdem nicht erwarten, daß man in größerer Anzahl Organe von ganz gleichem Verhalten und gleicher Wirkung herzustellen im Stande sein wird. Dieser letztere Umstand würde aber die unangenehme Folge haben, daß die Registrierorgane der Wiedergabe-Station einzeln einstellbar und ständig beaufsichtigt werden müssen. Dies erscheint aber selbst bei der Minimalforderung von 25 000 Elementen undurchführbar. Im Endresultate bleibt also nichts weiter übrig, als sämtliche Bildelemente durch ein einziges Organ registrieren zu lassen.

d) Die allgemeinen Eigentümlichkeiten des Selens und der Selenzelle.*)

Man kennt sehr viele lichtelektrische Erscheinungen, bei welchen die Aenderung der Lichtintensität elektrische Aenderungen hervorruft. Unter allen diesen lichtelektrischen Erscheinungen ist die hervorstechendste und vielleicht die einzig gut registrierbare und in Betracht kommende Erscheinung jene Eigenschaft des grauen krystallinischen Selens (*Se*), daß der elektrische Widerstand im umgekehrten Verhältnisse zu seiner Belichtung steht.

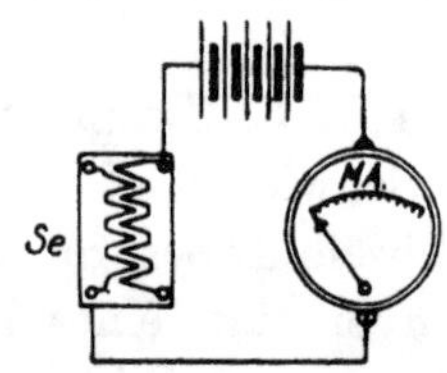

Fig. 4. Einschaltung der Selenzelle in einen Stromkreis.

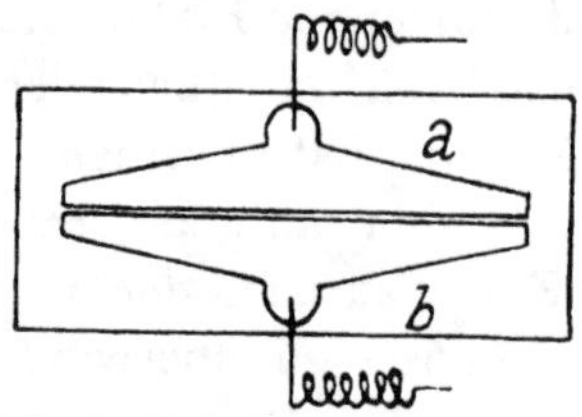

Fig. 5. Prinzip der Selenzelle.

Wenn man also in einem elektrischen Stromkreis, der aus einer Batterie und einem empfindlichen Milliamperemeter besteht, eine Selenzelle einschaltet (siehe Fig. 4), so wird der Ausschlag des Milliamperemeters davon abhängen, wie stark die Selenzelle belichtet ist.

Unter einer Selenzelle versteht man eine Anordnung, die mit entsprechender Stromzuführung versehen ist und die dem grauen

*) Siehe auch S. 58 ff.

krystallinischen Selen von hohem spezifischen Widerstande einen großen Leitungsquerschnitt sichert. Das Prinzip aller Selenzellen ist aus Fig. 5 ersichtlich. Bei einer Selenzelle sieht man eine ca. 600 bis 800 mm lange Parallelleitung mit einem Abstande von ca. 0,5 mm vor, welche Leitungsoberfläche man mittels verschiedener Methoden auf ca. 15 bis 20 cm zusammendrängt. Auf die so zubereitete Unterlage wird dann amorphes Selen in dünner Schicht aufgetragen und mittels eines entsprechenden Erwärmungsprozesses sensibilisiert, d. h. man bringt es in seine graue krystallinische Form, also man macht es lichtempfindlich. Die bekanntesten Formen, welche sich praktisch bewährten, werden wir in dem hierüber handelnden Kapitel beschreiben (siehe S. 59 ff).

Eine normale Selenzelle hat einen elektrischen Widerstand von 60000 Ohm im Dunkeln (dies nennt man den „Dunkelwiderstand" der Zelle), welcher Widerstand sich auf 30000 Ohm, also ca. auf die Hälfte vermindert, wenn man die Zelle bis auf 1 m Entfernung

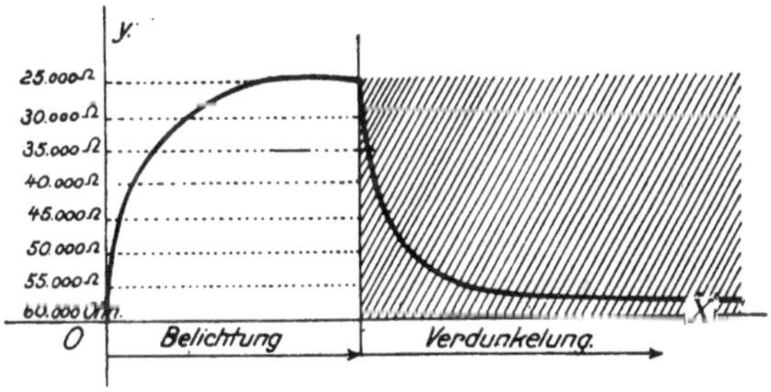

Fig. 6. Leitfähigkeitsdiagramm der Selenzelle.

einer 16-kerzigen Glühlampe nähert (dies nennt man den „Belichtungswiderstand" der Zelle). Hebt man die Belichtung auf, so nähert sich der Widerstand der Zelle mit dem Verdunkeln wieder dem Dunkelwiderstand der Zelle, und verdunkelt man ganz, so wird die Zelle nach kürzerer oder längerer Zeit ihren ursprünglichen Widerstand wieder erreichen. Wenn wir aber die Belichtung und Verdunkelung sowie die Widerstandsänderung genau messend verfolgen, so gewahren wir, daß die Widerstandsänderungen der Zelle den Belichtungsänderungen nicht genau folgen, sondern, daß sie diesen nacheilen, d. h. die Zelle nimmt erst nach einer gewissen Zeit nach der Belichtung ihren Mindestwiderstand an, und nach der Verdunkelung steigt der Widerstand nicht sofort auf den ursprünglichen Wert. Diese Hysteresis-Erscheinung nennt man die „Trägheit" der Zelle. Die Trägheit einer normalen Zelle zeigt das Diagramm der Fig. 6. Auf der Abscisse wurde die Belichtung, bzw. in dem schraffierten Teile die Verdunkelung aufgetragen, während die Ordinaten die Widerstandsverminderung oder, was dasselbe ist, die Erhöhung der Leitfähigkeit bedeuten. Wie ersichtlich, steigt die Kurve der Leitfähigkeit zuerst steil an, um sich dann von einem gewissen Wert an immer mehr einer der Abscissenachse parallelen Linie zu nähern und nach dem Erreichen des Maximums sich nicht mehr zu ändern. Wenn in diesem Momente (wie es auch in der Figur der Fall ist) die Verdunkelung eintritt, so sinkt die Leitfähigkeit zuerst plötzlich, dann immer langsamer, und die Kurve nähert sich asymptotisch der X-Achse, bis sie ihren ursprünglichen Wert erreicht. Dieser wird aber viel langsamer erreicht als der obere Grenzwert; zuweilen dauert es stundenlang.

Aus Obigem sieht man, daß bei einer normalen Zelle, welche man in einem Stromkreise von 50 Volt Spannung zu verwenden pflegt, die Differenz der Stromstärke zwischen dem maximalen und minimalen Werte ca. 1 Milliampere ausmacht. Um aber die Grenzwerte zu erhalten, muß man die Zelle ca. 5 Minuten lang der Belichtung einer 16 kerzigen Lampe aussetzen und nachher verdunkeln.

Wenn die Belichtung kürzer, oder die Differenz zwischen den Belichtungen kleiner ist, so vermindern sich die Aenderungen der Stromstärke sehr rasch. Dies ist auch der Fall bei der Phototelegraphie, wo die Selenzelle 10 bis 20 Bildelemente in der Sekunde registrieren muß, welche Bildelemente manchmal nur in ihren Abstufungen von einander verschieden sind. Die Aenderungen der Stromstärke sind in diesem Falle schon so schwach, daß auch das empfindlichste Saitengalvanometer kaum den Ausschlag von 1 mm ergibt. Wenn wir aber die Zelle in der Sekunde mehrere hundertmal Belichtungsänderungen aussetzen, so kann man die Stromschwankungen nur mittels eines empfindlichen Telephons wahrnehmen, ja bei den älteren Zellen sogar nur dann, wenn die schnellen Lichtschwankungen sehr stark sind.

Wir können also leicht verstehen, daß die aus der Trägheit der Selenzelle folgenden Schwierigkeiten von Anfang an eines der größten und schwierigsten Probleme für diejenigen darstellte, die einen Fernsehapparat planten und die die Selenzelle kannten. Vergessen wir nicht, daß bei dem Fernseh-Apparat ein solches lichtwahrnehmendes Organ nötig ist, das in der Sekunde 25 000 Lichtschwankungen u. zw. sehr schwachen Aenderungen mit registrierbaren Stromschwankungen zu folgen vermag. Mit anderen Worten war der zweite und vielleicht schwierigste Punkt des Problems, eine solche Selenzelle zu erfinden, welche gar keine oder keine praktisch wahrnehmbare Trägheit besitzt und welche die bisherigen Zellen weit übertrifft.

e) Schwierigkeiten infolge der Kleinheit der Bildelemente.

Die auch bei einem Fernsehapparat verwendbare Selenzelle hat noch eine zweite große Schwierigkeit zu überwinden, die aus der Kleinheit der Bildelemente folgt. Obzwar die Bildelemente bei dem Phototelegraphen ebenso klein sind wie bei dem Fernseher, ist die Situation hier dennoch eine ganz andere. Wie wir gesehen haben, durchleuchtet man beim Fernphotographen die Bildelemente im Brennpunkt der mittels Linsen gesammelten Lichtstrahlen einer beliebigen künstlichen Lichtquelle, wobei die Lichtstrahlen hinter dem Sammelpunkte wieder divergieren. Die Selenzelle wird nun so eingestellt, daß der Querschnitt des Strahlbündels der Oberfläche der Selenzelle entspricht. Die Bildelemente werden also sozusagen vergrößert, und so kann die lichtempfindliche Oberfläche der Selenzelle beliebig groß sein.

Bei dem Fernseher hingegen ist das zu übermittelnde Bild jenes, welches das Objektiv des Apparates auf die Mattscheibe entwirft. Dieses Bild ist natürlich mit künstlichem Licht nicht durchleuchtbar, die Lichtintensität *i s t g e g e b e n*, somit ist die Vergrößerung des Bildes ohne große Verluste nicht möglich. Es ist nun eine Erfahrungstatsache, daß die Selenzellen nur dann mit gutem Wirkungsgrad arbeiten, wenn die Lichtschwankungen ihre ganze Oberfläche treffen. Eine auf halber Oberfläche belichtete Selenzelle gibt nicht halb so große Stromschwankungen, sondern bedeutend weniger starke. Falls also die Bildelemente nur winzig kleine Teile der Selenzelle belichten, würde das Maß der Aenderungen verschwindend klein werden, abgesehen davon, daß jeder Punkt einer derartigen größeren Selenzelle eine andere Empfindlichkeit besitzt, sodaß gleiche Lichtänderungen, auf andere Punkte der Selenzelle projiziert, verschiedene Stromschwankungen verursachen würden, was die Registrierung unmöglich machen würde. Hieraus folgt also, daß eine bei dem Fernsehen verwendbare Selenzelle nicht größer sein soll als etwa ein Bildelement, also höchstens ein Millimeter im Quadrat. Dies bezieht sich natürlich nicht auf die Fassung, sondern nur auf die lichtempfindliche Oberfläche der Zelle, welche die auf diese kleine Oberfläche zusammengedrängten Elektroden bedeckt. Es ist also notwendig, daß sämtliche stromführenden Querschnitte der beim Fernsehen verwendeten Selenzelle innerhalb eines Quadratmillimeters liegen. Um im Gebrauche noch registrierbare Stromschwankungen zu erhalten, müssen die Elektroden selbst bei einer sehr gut sensibilisierten Selenzelle mindestens 15 mm lang sein, das bedeutet also, daß man bei einer solchen 1 mm großen Selenzelle mindestens 15 von einander gut isolierte Elektroden benötigt. Diese aber auf 1 mm zusammenzudrängen, war ebenfalls keine kleine Aufgabe.

Wenn die in den aufgezählten Schwierigkeiten vorgehenden zwei Punkte überbrückt sind, beginnt die dritte Schwierigkeit des Fernsehers: die Frage der Registrierung.

f) Bildregistriervorrichtung.

Die Bildzerlegevorrichtung zerlegt das Bild in der Sekunde auf 10×2500 Elemente, übermittelt also der Selenzelle, oder einem anderen lichtwahrnehmenden Organ in der Sekunde 25000 Lichtänderungen, d. h. es projiziert 25000 × 1 mm^2 große Lichtquadrate verschiedener Intensität auf die Selenzelle, welche, ihren Widerstand ebenso oft verändernd, in dem gekuppelten Stromkreis in der Sekunde 25000 Stromschwankungen verursacht. Das zu lösende Problem ist nun, einen Apparat zu konstruieren, welcher auf der anderen — der Reproduktionsstation — die schnellen Stromschwankungen in entsprechende und im Verhältnis stehende Lichtintensitätsschwankungen auf einer Oberfläche von 1 mm^2 verwandelt, kurz gesagt, die Bildelemente erzeugt. Das zur Lösung ähnlicher Aufgaben am meisten benutzte Prinzip ist das des Lichtrelais, bei welchem die Stromwirkungen nicht unmittelbar zur Erzeugung von Lichtwirkungen benützt werden, sondern wo man mittels ihrer eine Lichtquelle von ständiger Intensität reguliert.

Man kann durch Stromänderungen auf verschiedene Weise Lichtänderungen hervorrufen: so durch induktive Beeinflussung des Stromkreises einer elektrischen Bogenlampe (nach der Schaltung von Simon-Duddell etc.), oder man benutzt die veränderliche Stromstärke zum geringeren oder weiteren Oeffnen eines Diaphragmas (z. B. das oben skizzierte Saiten-Diaphragma von A. Korn), welches Verfahren viel empfindlicher ist als das erste, oder man kann andere Verfahren verschiedenster Methode benützen.

Die Schwierigkeit liegt aber darin, daß man für die Registrierung sehr schneller und äußerst kleiner Stromänderungen sorgen muß. Was die Schnelligkeit der Stromänderung, die Frequenz von 25000 pro Sekunde betrifft, so wäre dies noch nicht unerreichbar groß. Es kann ja der sogen. Blondelsche Oszillograph, „der Nadel-Oszillograph" pro Sekunde 50 000 Stromänderungen registrieren; damit aber sein Spiegel einen Ausschlag macht, benötigt man eine Stromstärke von mehreren Milliampere. Eine solche kann aber bei den der Selenzelle mitgeteilten verhältnismäßig kleinen Lichtschwankungen überhaupt nicht entstehen. Die Stromschwankungen z. B., welche eine normale Selenzelle bei einer Belichtung von 1000 Lichtänderungen in der Sekunde verursacht, sind nur Bruchteile eines Mikroamperes. Wir kennen zwar Instrumente, z. B. das Saitengalvanometer von Einthoven, welches selbst auf Ströme von der Größenordnung 10^{-12} Ampere reagiert, solche Instrumente vermögen aber nicht einmal annäherungsweise so hohe Frequenzen zu registrieren. Wir können solche Ströme auch mittels empfindlichen Telephons wahrnehmen, aber die Bewegung der Membrane ist schon bei der Frequenz 4000 so klein, daß, wenn man die Schwingungen der mit einer Spiegelfläche versehenen Membrane durch Reflektierung eines Lichtstrahles beobachtet, selbst auf einige Meter Entfernung noch keinerlei Ausschlag zu bemerken ist. Wenn man aber zur Vergrößerung der Ausschläge die Membrane mit einem auf einem beweglichen Hebelarm montierten Spiegel ausrüstet, so vergrößert dies die Trägheit des Instruments so stark, daß es selbst bei wesentlich kleineren Frequenzen nicht mehr arbeitet.

Man kann zwar durch verschiedene Relais einen besseren Wirkungsgrad erzielen, — so z. B. gab eine solche „Lichttelephon-Einrichtung" im Laboratorium des k. u. k. kriegstechnischen Ausschusses mittels eines Mikrophonrelais nach Mercadier in 1 m Entfernung noch einen Ausschlag von 2 mm — wenn man die Selenzelle 4000mal in der Sekunde mit geringen Lichtschwankungen (diffuses Zimmerlicht und Halbschatten) belichtete. Dieses Resultat stellt aber, wie es sich bei späteren gründlichen Versuchen herausstellte, gleichzeitig die äußerste Grenze dar, welche auf diese Weise erreichbar war, und dabei wurden die Lichtänderungen stark verzerrt wiedergegeben.

Die in letzter Zeit auf vielen Gebieten sehr verbreiteten Elektronenrelais lassen mehr Hoffnung, daß die, auf nur gröbere Wirkungen reagierenden, aber hohe Frequenzen wahrnehmenden Instrumente zur Registrierung dieser schwachen Ströme verwendbar gemacht werden können; aber auch in der Anwendung dieser Relais gibt es eine Grenze und somit ist auch die Verstärkbarkeit der Stromschwankungen nicht unbegrenzt, wie man vielleicht meinen könnte.

Im Endresultate war es also notwendig, ein solches Instrument für den Fernseher zu schaffen, welches wenigstens annähernd im Stande ist, auch ohne Verstärkungsrelais diese sehr kleinen Stromschwankungen zu registrieren.

g) Wiedergabeprojektionsapparat.

Der vierte Punkt des Problems ist eigentlich mit dem ersten identisch. Die Schaffung eines Apparates, welcher die durch das Registrierorgan reproduzierten Bildelemente auf einen Schirm in derselben Reihenfolge projiziert, in welcher Reihenfolge der Bildzerleger das Bild in seine Elemente zerlegt. Zu diesem Zwecke ist dieselbe Vorrichtung geeignet, nur muß dieselbe auf der Reproduktions-Station in umgekehrter Weise arbeiten.

h) Synchronisierungseinrichtung.

Die Synchronisierung der beiden Stationen ist der fünfte Teil des Problems des Fernseh-Apparates. Man muß vorsorgen, daß die optischen Achsen des Bildzerlegers und des Bildaufbauapparates immer genau in derselben Phase zu den Projektionsebenen sich befinden. Synchronisierungsapparate sind ebenfalls vielerlei bekannt, sowohl bei den Phototelegraphen, als auch bei den Schnelltelegraphen. Diese arbeiten an ihren Stellen mit gutem Wirkungsgrad, aber bei dem Fernsehapparat sind die Anforderungen bedeutend größer als die bisher gestellten.

Es ist leicht zu begreifen, daß, wenn die optischen Achsen des Bildzerlegers und des Bildaufbauers nur um ein einzelnes Bildelement verschoben sind, wir bei der Wiedergabe nur einen unverständlichen Punkthaufen erhalten. Die optischen Achsen verweilen aber selbst bei dem von uns angenommenen Apparate minimalster Leistung bei einem Bildelemente nur $^1/_{25000}$ Sekunde lang. Angenommen also, daß der Zerlegungs- bezw. Aufbauapparat von einem Rade betrieben wird, das pro Sekunde 10 Umdrehungen macht, so ist die bei diesem noch erlaubte Ungenauigkeit kleiner als eine Verschiebung von $^1/_{2500}$ Grad.

i) Uebertragung vom Sender nach dem Empfänger.

Endlich mußte die Aufgabe gelöst werden, in welcher Weise die Aufgebestation (Sendestation) die sehr schwachen Wirkungen von großer Frequenz der Wiedergabestation derart übermitteln soll, daß dieselben möglichst wenig Verluste und tunlichst kleine Verzerrungen erleiden.

2. Vorversuche und Arbeiten für das Fernsehen.

Die in den vorhergehenden sechs Punkten aufgezählten Aufgaben stellten die Probleme des Fernsehapparates, welche so lange Zeit viele Forscher vergeblich beschäftigte, dar. Seit der Zeit, als Carey im Jahre 1875 sein Projekt veröffentlichte, befaßten sich ungefähr sechzig Forscher mit der Lösung des Problems. Da aber dieser Teil der Technik kaum eine Literatur bisher besitzt und die einzelnen Forscher sich hüteten, ihre Resultate in Details zu veröffentlichen, war der Weiterentwickelungsprozeß mindestens sehr gehemmt. Jeder, der sich mit dem Problem zu befassen begann, mußte alles wieder von Anfang an sammeln und meistens durch eigene Erfahrung klug werden. Hinzu kam noch, daß auch die veröffentlichten Ergebnisse zum großen Teil Phantasiegebilde waren. Es waren keine Laboratoriumsversuche, sondern auf ebenfalls falsche Daten aufgebaute Spekulationen. Jene aber, welche die entsprechende Vorbildung zur Vollführung solcher Versuche besaßen, mußten entweder aus Mangel an materiellen Mitteln oder wegen anderweitiger starker Inanspruchnahme der Entwicklung des Fernsehers entsagen und, mit halben Ergebnissen sich zufrieden gebend, schufen sie einen Phototelegraphen.

Im Endresultate ist vielleicht der Hauptgrund der Erfolglosigkeit darin zu suchen, daß bei der Konstruktion eines Fernsehers vielerlei Fragen, welche gründliche Kenntnis in verschiedenen technischen Zweigen erforderten, notwendig waren: eine Tatsache, die die Zahl der sich mit der Aufgabe Beschäftigenden wesentlich verminderte. Außer den allgemeinen elektrotechnischen Kenntnissen benötigte man bei den Fernsehversuchen eine spezielle Bewandertheit in der Schwachstromtechnik, in der Instrumentenkunde, in den lichtelektrischen Erscheinungen, in der Optik, in der Präzisionsmechanik, ja sogar in der Hochfrequenztechnik.

Es ist nicht uninteressant, kurz einiger dieser Fernsehkonstruktionen, richtiger Entwürfe, zu gedenken, denn obzwar sie sich bei entsprechender fachkenntlicher Betrachtung schon auf dem Papier als unausführbar zeigen, gibt doch ihre Zusammenfassung ein interessantes Beispiel der Entwickelung mancher Gedanken.

A. Plattenanordnung von Carey.

Die bisher bekannten Konstruktionen des Fernsehapparates benutzten mit geringer Ausnahme jene Eigenschaft des grauen krystallinischen Selens zur elektrischen Uebermittlung, wobei der Widerstand des Selens im umgekehrten Verhältnisse zur Belichtung steht. Es gibt zwar einige Ausnahmen, so z. B. der oben erwähnte Carey, dessen Fernseh-Projekt noch aus der Zeit stammt, bevor die interessanten Erfahrungen des englischen Kabelingenieurs May über die Lichtempfindlichkeit des Selens bekannt wurden. Carey wollte jene allgemein bekannte Eigenschaft der photographischen Platte benutzen, daß unter dem Einfluß des Lichtes das Silber in verschiedenem Maße ausgeschieden wird, und zwar wollte er dies in der Weise zum Hervorrufen elektrischer Aenderungen benützen, daß er in der lichtempfindlichen Schicht der Platte dicht nebeneinander die Drahtenden einer Stromkreisunterbrechungsstelle anreihte. Die Einrichtung selbst ist in Fig. 7 skizziert. Das Objektiv *A* wirft das Bild des Gegenstandes auf die lichtempfindliche Platte *B*, auf deren lichtempfindlichen Schicht der Strom von einem Pol der Batterie *C*

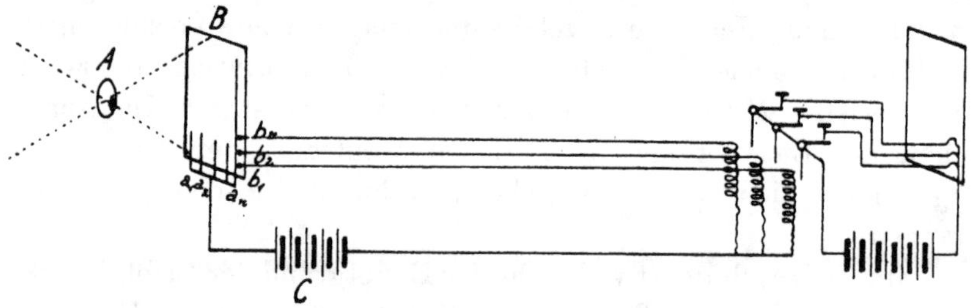

Fig. 7. Fernsehvorrichtung unter Benutzung einer photographischen Platte von Carey.

durch die auf einen Millimeter oder noch näher gebrachten Drähte a_1 a_2 etc. zugeführt wird; bei jedem Ende eines Drahtes aber davon durch eine lichtempfindliche Schicht gehemmt, beginnen die Leitungslinien b_1 b_2 etc., welche parallel zur Leitung des zweiten Poles der Batterie *C* zum Relais der Wiedergabe-Station führen. Es ist klar, daß in diesem Falle die Feinheit der Bildelemente davon abhängig ist, wie viele solcher Stromkreise man herstellt, die unabhängig voneinander in der Wiedergabestation die ihnen entsprechenden Relais betätigen und z. B. dicht aneinander gereihte Glühkörper zum Leuchten bringen oder gewisse chemische Prozesse auslösen. Die dunkelbleibenden und die zum Leuchten gebrachten Glühkörperchen geben dann den Schatten des auf die empfindliche Platte geworfenen Bildes. Ob ein Glühkörperchen aufleuchtet oder nicht hängt davon ab, ob zwischen den ihm entsprechenden Drahtenden in der lichtempfindlichen Platte genügend Silber ausgeschieden wurde, um einen zur Betätigung des Relais genügend starken Strom durchzulassen. Dies hängt aber natürlich davon ab, ob dieser Teil des Bildes genügend stark belichtet ist.

Diese Einrichtung könnte selbst in Versuchsform kaum ausgeführt werden. Auch Carey veröffentlichte sie nur als etwas Interessantes, als eine Skizze eines ev. möglichen Apparates. Denn abgesehen davon, daß diese Einrichtung nur die Uebertragung eines einzigen Bildes zu vermitteln vermag und dann wieder eine neue, mit mindestes 2500 Paar, das sind 5000 Drahtenden, versehene Platte eingestellt werden müßte und angenommen, daß diese Schwierigkeiten vereinfacht werden könnten, würde in der Praxis ein solcher Apparat selbst dann noch unbrauchbar sein, da dessen zwei Vorrichtungen selbst auf nur einige Kilometer Entfernung durch 2500 Leitungen verbunden werden müßten.

B. Selen-Relaisanordnung von de Paiva.

Nach Entdeckung der Lichtempfindlichkeit des Selens scheint de Paiva der erste gewesen zu sein, der das Fernsehprojekt Carey's unter Benutzung von Selenzellen wieder aufnahm, jedoch mit der Abänderung, daß er wenigstens theoretisch die Schaltung mit vielen Leitungen verwarf und nur deren zwei benutzte. Den Plan seines Apparates zeigt Figur 8. Seine Selenzelle, wenn man sie so nennen darf, war äußerst primitiv und läßt vermuten, daß de Paiva keine Gelegenheit hatte, sich mit den Eigenschaften des Selens bekannt zu machen. Bei seinem Apparat wirft das Objektiv

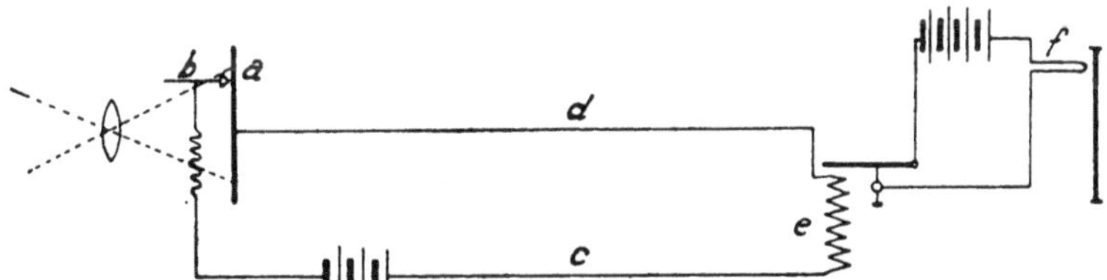

Fig. 8. Relaisanordnung unter Benutzung einer Selenzelle von de Paiva.

das Bild des Gegenstandes auf eine mit Selen bestrichene Metallplatte, welche mit einem Pol der Batterie verbunden ist. Auf der Oberfläche der Selenschicht bewegt der Mechanismus *b* eine Metallspitze derart, daß dieselbe die Bildfläche in der Sekunde zehn Mal abstreift, d. h. jeden Punkt des Bildes durchläuft. Die einzelnen Punkte der Selenschicht zeigen nun einen größeren oder kleineren Widerstand zwischen der Metallplatte *a* und der Metallspitze *b* an, je nachdem die einzelnen Punkte der Selenschicht durch das projizierte Bild belichtet sind. Der eine Pol der Batterie ist mit dem Relais der Reproduktions-Station durch diesen veränderlichen Widerstand und der Leitung *d* verbunden, während der andere Pol mittels der Leitung *c* direkt an das Relais geschaltet ist, welches geöffnet oder geschlossen wird, je nachdem die Spitze über eine heller oder dunkler beleuchtete Selenschicht gleitet. Das Relais *e* öffnet oder schließt den Stromkreis der sehr kleinen Glühlampe *f*. Diese Lampe wird durch einen ebensolchen Mechanismus in Bewegung gehalten, wie er in der Aufgabestation die Metallspitze bewegt, wodurch das Lämpchen an genau denselben Stellen der Bildfläche als leuchtender Punkt erscheinen wird, wo die Selenschicht beleuchtet war; hingegen bleibt es dunkel, wo Schatten auf die Selenschicht fällt. Da dieser Bildwiedergabeprozeß innerhalb $^1/_{10}$ Sekunde stattfindet, glaubt man das Aufblitzen des Lämpchens auf den verschiedenen Stellen zu gleicher Zeit zu bemerken; man erhält also das Schattenbild des eigentlichen Bildes.

Dieses Projekt bedeutet dem vorhergegangenen gegenüber, wie ersichtlich, einen wesentlichen Fortschritt, obzwar von einer Ausführbarkeit, besonders in dieser primitiven Vorstellung, keine Rede sein kann. Es ist aber zweifellos, daß es der erste reale Schritt zur Lösung des Fernsehproblems war, die Trägheit des Auges dazu zu benützen, die gleichzeitige und unmögliche Uebermittlung der Bildelemente durch die nacheinander folgende Uebermittlung derselben zu ersetzen. Andrerseits aber ist es selbst heute noch mit dem viel vollständigeren und empfindlicheren Relais unmöglich, die kleinen Stromschwankungen wahrzunehmen, welche in der homogenen Selenschicht zwischen der notwendigerweise kleinen Oberfläche der Metallplatte und Metallspitze auftreten. Daß man eine derart feine Metallspitze über die spröde und immer körnige Selenoberfläche mit solcher Geschwindigkeit nicht gleiten lassen kann, ohne fortwährend Kontaktstörungen und Verletzungen der Selenschicht zu verursachen, scheint nur eine verschwindend kleine Schwierigkeit demgegenüber zu sein, daß in der Wiedergabestation ein mechanisches Relais — und wenn es noch so kleine Masse hätte — der minimalen Forderung entsprechend in der Sekunde 25000 mal den Stromkreis des Glühlämpchens öffnen und schließen muß. Infolgedessen kann übrigens selbst ein Glühkörper kleinster Wärmekapazität nicht folgen. Alles in allem gab auch das Projekt de Paivas nicht mehr Hoffnung zur praktischen Verwirklichung eines Fernsehers, aber er beseitigte durch den Vorschlag, die Bildelemente der Reihe nach zu übermitteln, ein wichtiges theoretisches Hindernis, ob ihm auch die Mittel zur praktischen Verwirklichung fehlten.

C. Telektroskop von Senlecq.

Das im Jahre 1872 veröffentlichte „Telektroskop" nach Senlecq scheint eine Verschmelzung dieser ersten beiden Systeme zu sein, obzwar Senlecq bei späterer Polemik bestimmt behauptete, daß er das Projekt schon vor der Publikation der anderen gefaßt hätte.

Die Aufnahme des Bildes geschieht auch beim Telektroskop auf einer mosaikartigen Platte, wie bei dem Apparat Carey's, aber die Drahtenden sind mit Selen bedeckt. Die Uebermittlung geschieht nach demselben Prinzip — das Telegraphieren mit großer Geschwindigkeit der Reihe nach — wie bei de Paiva. Der Unterschied besteht aber darin, daß die Drahtenden mit den zwei Linienleitungen durch eine kommutatorartigeVorrichtung verbunden werden. In der Reproduktionsstation ist ebenfalls eine kommutatorartige Vorrichtung, welche die anlangenden elektrischen Impulse unter die der Selenzelle entsprechenden Drahtenden verteilt, die in Platinspitzen endigen und ein auf eine Metallplatte gelegtes, chemisch präpariertes Papierblatt berühren. Die Metallplatte ist mit dem Pol der Batterie der Reproduktions-Station unmittelbar verbunden.

Die Kommutatoren der Aufgabe- und Reproduktionsstation sorgen dafür, daß in der Reproduktionsstation immer diejenige Spitze, welche der gerade in der Aufgabestation mit dem Stromkreis verbundenen Selenzelle entspricht, eingeschaltet ist; eben deshalb ist es sehr wichtig, daß beide Kommutatoren immer genau miteinander synchron laufen. Der gewonnene Vorteil, also das Benutzen von nur zwei Leitungen, bringt sowohl bei dieser, wie bei der de Paiva'schen Einrichtung eine schwer zu lösende Aufgabe mit sich, nämlich die, den Mindestforderungen entsprechend, auf $^1/_{2500}$ Grad genaue Synchronisierung zweier entfernter, mit großer Geschwindigkeit sich drehender (600 Touren pro Minute) Scheiben.

Das Bild selbst wird bei dem Apparat von Senlecq dadurch wiedergegeben, daß die ankommenden elektrischen Impulse aus dem nassen dunkelpräparierten Papierblättchen hellfärbende Stoffe ausscheiden und derart das aufgenommene Bild Punkt für Punkt nachzeichnen. Die Figur 9 zeigt schematisch die Einrichtung des Apparates.

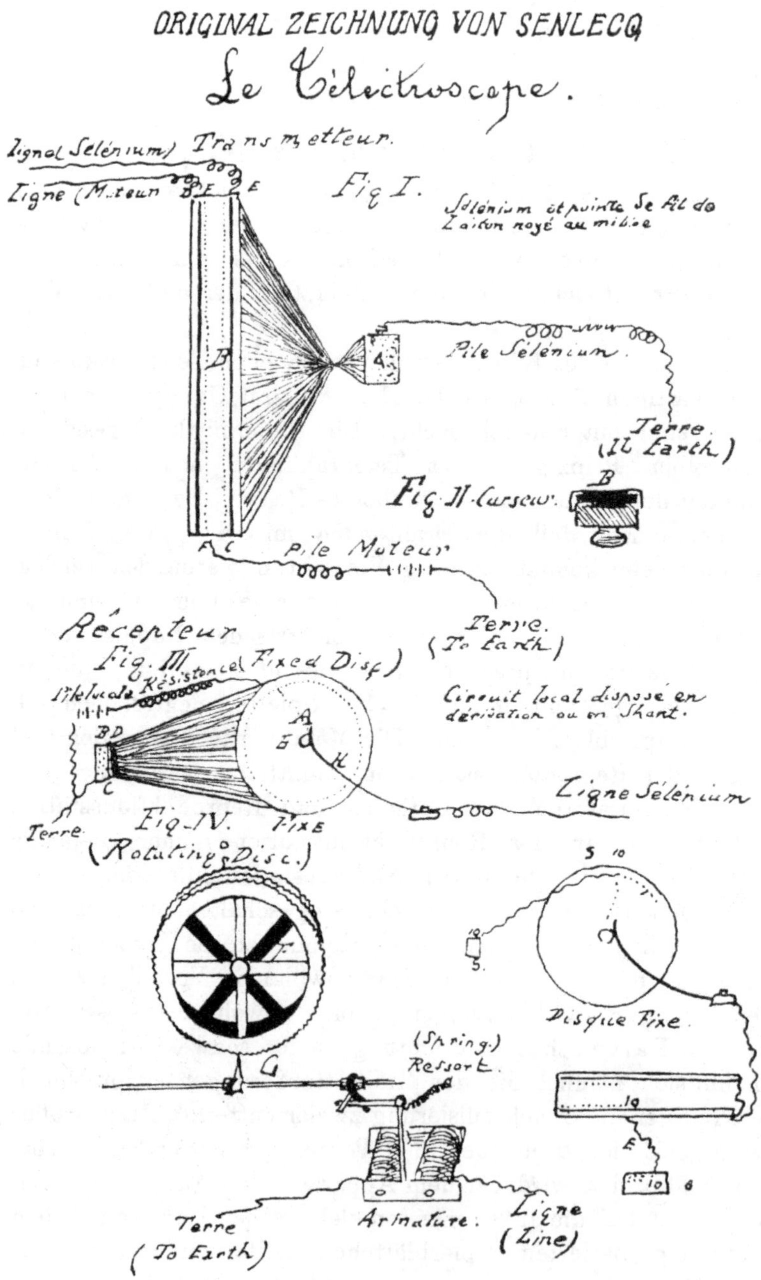

Fig. 9. Der Telektroskop von Senlecq.

Der Apparat selbst bedeutet kaum einen Fortschritt gegenüber demjenigen von de Paiva. Der aus vielen Elementen gebildete Bildwahrnehmer bestand aus unzähligen kleinen Selenzellen, welche Senlecq in der Weise herstellen zu können hoffte, daß er eine Metallplatte mit sehr vielen Löchern versah. In der Mitte dieser Löcher münden die Leitungsdrahtenden, wobei der Raum zwischen deren Mantel und der Lochwand mit Selen ausgefüllt sein sollte (siehe Figur 10). Der eine Batteriepol ist mit der Metallplatte, die Drahtenden aber mit den Kommutator-Segmenten verbunden. Je nachdem also, welcher der kleinen Selenringe mittels des Kommutators in den Stromkreis geschaltet wird, gelangt der Strom durch immer andere Widerstände zum Kommutator der Wiedergabestation, bzw. zu dem der Zelle entsprechend liegenden Drahtende und verursacht dort eine dem Widerstand entsprechende Ausscheidung.

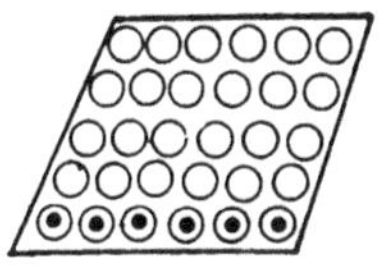

Fig. 10. Selenzellenplatte von Senlecq.

Diese Vorrichtung ist ebenso wie die zwei oben beschriebenen unausführbar. Die 2500 Stück Selenzellen, von denen jede einen Durchmesser von ½ mm hat, ferner der Kommutator mit 2500 Segmenten sind werkstattechnische Unmöglichkeiten, und wenn man die rasche chemische Reaktion des Papiers auch als denkbar annehmen würde, bliebe außer der präzisen Synchronisierung noch eine große und zwar unüberbrückbare Schwierigkeit übrig, nämlich die Störungen, die der Kommutator verursacht.

Die Elektrodenlänge der Selenzellen ist kaum nennenswert, woraus folgt, daß auch die bei den Zellen erreichbare Widerstandsänderung unendlich klein ist. Dieser Wert vermindert sich noch dadurch, daß die Zellen (wenn wir ein sich bewegendes Objekt annehmen) nur eine außerordentlich kleine Zeitspanne einer konstanten Belichtung ausgesetzt sind, so daß die aus der Belichtungsänderung hervorgerufenen Widerstandsänderungen so klein werden, daß die Unterbrechungen der Kommutatoren dieselben gänzlich verwischen. Im Endresultate bedeutet das Senlecq'sche Projekt selbst theoretisch keinen Fortschritt dem de Paiva'schen gegenüber.

D. Lichtrelais von Ayrton und Perry.

Zu gleicher Zeit mit Senlecq begannen Ayrton und Perry ihre Forschungen. Diese haben bereits systematisch geforscht, und sie haben ihre Elemente sogar durch experimentelle Untersuchungen festgestellt.

Nach ihrem ersten und ursprünglichen Projekt wollten sie eine Selenzelle verwenden, welche in der Ebene des zu übertragenden Bildes in den zwei Koordinaten-Richtungen bewegt werden sollte, und auf der Reproduktionsstation sollte ein Lichtstrahl veränderlicher Intensität das Bild hervorrufen, wobei der Strahl sich mit der Zelle synchron bewegen sollte.

Die experimentellen Untersuchungen hatten das Ergebnis, daß die Widerstandsänderungen, welche in der sehr kurze Zeit belichteten Selenzelle auftreten, infolge der Trägheit der Zelle nicht im Stande sind, das jeweilig zur Verfügung stehende Lichtrelais in Bewegung zu setzen.

Sie versuchten, die schwachen Intensitätsschwankungen auf jede erdenkliche Weise zu registrieren. So waren sie z. B. die ersten, welche die verschiedenen Krümmungsradien einer spiegelnden Telephonmembran zur Wiedergabe der Lichtintensitätsschwankungen verwenden wollten; die Krümmungen der Membrane treten nämlich infolge der Stromschwankungen auf. Bekanntlich hat Graham Bell zuerst eine ähnliche Vorrichtung zu lichttelephonischen Zwecken benutzt. Diese Vorrichtung arbeitet dem Wesen nach in der Weise (siehe Fig. 11), daß das durch die Linse *l* geschaffene parallele Lichtstrahlenbündel der Lichtquelle *b* auf die Telephonmembrane *a* fällt, welche die Lichtstrahlen durch ihre spiegelnde Oberfläche zurückwirft; es verändert sich alsdann die Divergenz oder Konvergenz des reflektierten Lichtbündels je nach der Aenderung der Krümmungsradien der Telephonmembrane, welche infolge der Schwingungen der letzteren hervorgerufen werden. Bringen wir nun in den Weg des Lichtbündels ein Diaphragma z. B. von flächeneinheitlichen Oeffnungen, so ist es klar, daß, nachdem die konstante Lichtmenge einmal auf eine größere und darauf auf eine kleinere Fläche sich verteilt, die auf die Flächeneinheit fallende Lichtmenge proportional dem Krümmungsradius des Membranspiegels bezw. der Stromintensität sein wird, welche dieselben verursacht. Diese Methode bewährte sich nicht, sie war nicht empfindlich genug, da damals die Verstärkungsrelais noch unbekannt waren.

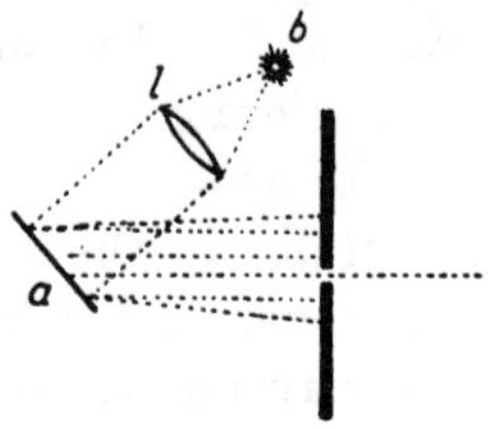

Fig. 11.
Lichtrelaisanordnung von G. Bell.

Nach dem Mißlingen dieser Versuche wollten Ayrton & Perry das „Kerr-Phänomen" zur Wiedergabe benutzen. Bekanntlich besteht diese Erscheinung darin, daß, wenn man den Pol eines Magneten spiegelnd macht und dann polarisiertes Licht auf den Spiegel fällt, sich die Polarisationsebene des reflektierenden Strahles je nach der Stärke des den Magneten umfließenden Stromes dreht. Sie wollten daher den Reproduktionsschirm aus Elektromagneten mit spiegelnden Polen herstellen, deren Zahl der Zahl der Selenzellen der Aufgabestation entsprechen.

Wie es bei vielen anderen ähnlichen Projekten geschah, ließen auch Ayrton & Perry jene einfache aber sehr wichtige Tatsache außer Acht, daß die Kerr'sche Erscheinung nur bei wesentlich stärkeren Wirkungen wie sie selbst mit der besten Selenzelle hervorgerufen werden können, auftritt. Uebrigens haften diesem Projekt sämtliche Mängel an, welche bei den vielzelligen Aufgabe- und bei den aus vielen Elementen bestehenden Reproduktionsvorrichtungen ohnedies auftreten würden, nämlich, daß bei der Schaltung der einzelnen Elemente auf der Linie Störungen auftreten, welche die schwachen lichtelektrischen Wirkungen verwischen. Mit Bezug auf die wichtigen Grundfragen haben auch Ayrton & Perry keine Lösung angegeben.

E. Anordnung mit lichtelektrischer Zelle von Le Blanc.

Die theoretischen und praktischen Untersuchungen Le Blanc's sind weit wertvoller. Seine systematischen Forschungen begannen bei weit tiefer reichenden Grundlagen. Er untersuchte zuerst allgemein die lichtelektrischen Erscheinungen. Zur Uebersetzung der Bildelemente in elektrische Veränderungen gibt er 3 Methoden an:

1. Unmittelbares Hervorrufen einer elektromotorischen Kraft
2. Widerstandsänderungen mittels einer Selenzelle.
3. Die Benutzung der mechanischen Wirkung des Lichtes, z. B. zu Widerstandsänderungen.

Besonders letztere Methode ist — obzwar praktisch unausführbar — interessant genug, um beschrieben zu werden. Den „Lichtmechanismus" veranschaulicht Figur 12. In dem evakuierten, eiförmigen Glasgefäß *A—B* ist das kleine leichte Eisenplättchen *r* an einer feinen Blattfeder *s* in *a* befestigt. Die der Lichtquelle zugewendete Seite des Eisenplättchens sowie das Glasgefäß ist, mit Ausnahme eines kleinen Fensters *m*, geschwärzt. Lassen wir durch das Fenster *m* auf das Eisenplättchen *r* intermittierendes Licht fallen, so beginnt das Plättchen *r* zu schwingen. Seine Bewegungen können in elektrische Wirkungen verwandelt werden.

wenn man außerhalb des Glasgefäßes unter dem Eisenplättchen einen kleinen Elektromagneten *e* anbringt. Es ist selbstverständlich, daß diese Einrichtung für die Zwecke des Fernsehers unbrauchbar ist. Abgesehen davon, daß nach den Versuchsergebnissen die Erscheinung nur bei vielhundertmal stärkeren Lichtintensitäten auftritt, als von welchen bei dem Fernseher die Rede sein kann, ist diese Einrichtung schon deshalb nicht brauchbar, weil die Maximalschwingungszahl des auf der Feder befestigten Plättchens nicht einmal von der Größenordnung der sekundlichen Veränderungszahl der Bildelemente ist.

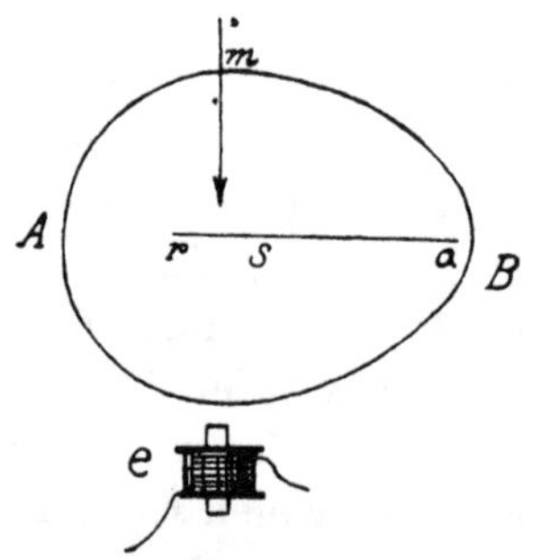

Fig. 12. Licht-„Mechanismus" von Le Blanc.

Zur Zerlegung des Bildes in seine Elemente und zur Synthese der Lichtwirkungen zu einem Bilde hat Le Blanc ein neues System und zwar ein auch praktisch ausführbares vorgeschlagen, nur war dessen Ausführungsform noch etwas primitiv. Die Zerleger- und auch Syntheseeinrichtung ist bei Le Blanc je ein Spiegelchen, welches sich um zwei aufeinander senkrechten Achsen drehen kann. (Siehe Fig. 13.) Hier ist der Spiegel *m* an den Federn *d* und *B* aufgehängt, welche in aufeinander senkrechten Richtungen in Schwingung gehalten werden. Infolge ihrer Schwingungen bewegt das Spiegelchen den reflektierten Teil des auffallenden Lichtstrahles *S* auf der mit *a* bezeichneten Zickzack-Linie und zwar so, daß, so oft das Spiegelchen eine der Lichtstrahlbreite entsprechende Drehung in der Seitenrichtung vollführt, der Lichtstrahl einmal aufwärts und abwärts der Bildfläche entlang läuft. Dieselbe Vorrichtung ist ohne weiteres zur Zerlegung des Bildes verwendbar, wenn man an der Stelle der Lichtquelle ein Objektiv befestigt und das durch dieses aufgenommene Bild mittels einer zweiten Linse verkleinert auf das Spiegelchen wirft, in der Bildfläche aber hinter einer kleinen Oeffnung eine Selenzelle oder eine andere lichtempfindliche Vorrichtung anbringt. Natürlich ist auch bei dieser Vorrichtung der Hauptfehler der, daß, obzwar die Feder *d* im Stande sein wird, das Spiegelchen in der Sekunde zehnmal seitwärts schwingen zu lassen, während derselben Zeit die Feder *B* bei jeder, sagen wir 1 mm breiten Vorrückung des Strahles einmal, d. h. bei der minimalen angenommenen Größe des Bildes von 5×5 cm während einer Schwingung der Feder *d* 50-mal ausschwingen muß. Das bedeutet aber schon 500 Schwingungen in der Sekunde und zwar Schwingungen mit großen Amplituden bei einer freiaufgehängten Feder, was, wenn auch nicht unmöglich, jedenfalls eine beträchtliche Forderung darstellt, da die Schwingungen das Spiegelchen regelmäßig bewegen sollen. Die Bahn des Lichtstrahles wäre natürlich keine so regelmäßige Linie, wie sie auf der Figur dargestellt ist, sondern eine sinuskurvenartige Linie, was

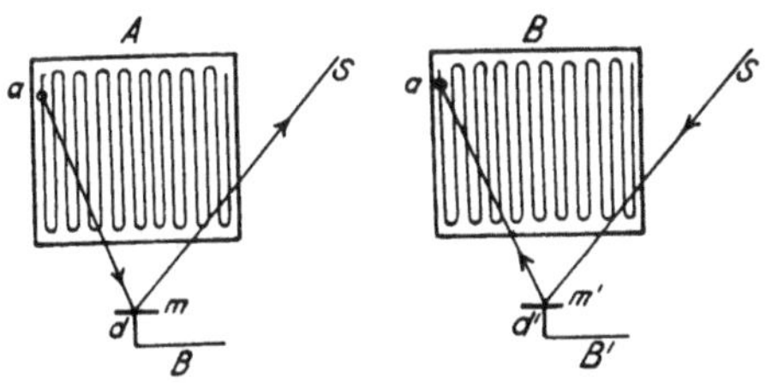

Fig. 13. Spiegelanordnung von Le Blanc.

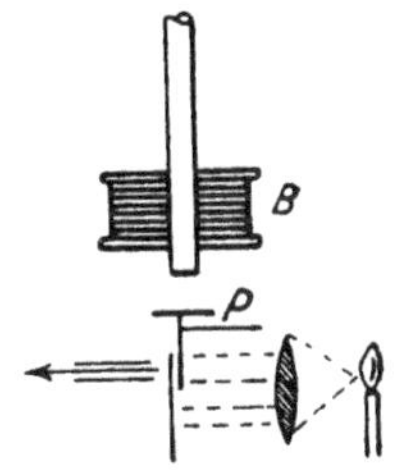

Fig. 14. Diaphragma der Le Blanc'schen Spiegelanordnung.

aber noch keine Störung verursachen würde; man müßte nur Sorge tragen, daß die Konturen der Linien innerhalb der Lichtstrahlbreite miteinander verschmelzen.

Leider fehlt jeder nähere Anweis, wie Le Blanc sich die mechanische Bewegung der Spiegelchen vorstellte, da dies mittels Federn kaum möglich erscheint, andererseits wie er die Optik seines Apparates zu lösen gedachte, obzwar Le Blanc wenigstens in dieser Hinsicht mit seinem Projekte einer rationellen Lösung am nächsten kam.

Einen geringeren Wert hat jener Teil seines Projektes, mit welchem er die anlangenden elektrischen Impulse in Lichtwirkungen umwandeln wollte. Er wollte nämlich mit Hilfe derselben die Oeffnung des Diaphragmas *P* (siehe Fig. 14) regulieren, indem er die anlangenden Impulse in die Spule des Elektromagneten *B* leitete, und dadurch Intensitätsänderungen gewinnen, daß er die durch den mehr oder weniger breiten Schlitz durchdringende Lichtmenge mittels einer Linse sammelte. Hingegen ist wieder festzustellen, daß mit diesem Projekt Le Blanc der erste war, der die Registrierung indirekt mittels eines Lichtrelais plante. Natürlich ist eine derartige Einrichtung zur Registrierung solcher Frequenzen, von welchen hier die Rede ist — 25 000 in der Sekunde — nicht einmal zur Annäherung der Größenordnung nach genügend.

Le Blanc war außerdem der erste, welcher vielleicht ein bischen zu wagemütig schon daran dachte, daß das Bild nicht in der Form von weiß-schwarzen Bildelementen übermittelt werde, sondern er beabsichtigte schon die Uebermittlung des Bildes in seinen Originalfarben. Nach seinem Projekte würde jedes einem Bildelemente entsprechende Lichtbündel durch ein Prisma in die lichtwahrnehmende Kassette geleitet worden sein (siehe Figur 15), wo in diesem Falle eine Serie, z. B. sieben Selenzellen angebracht sind. Die Selenzellen sollten in Wechselstromkreise verschiedener Frequenz ein-

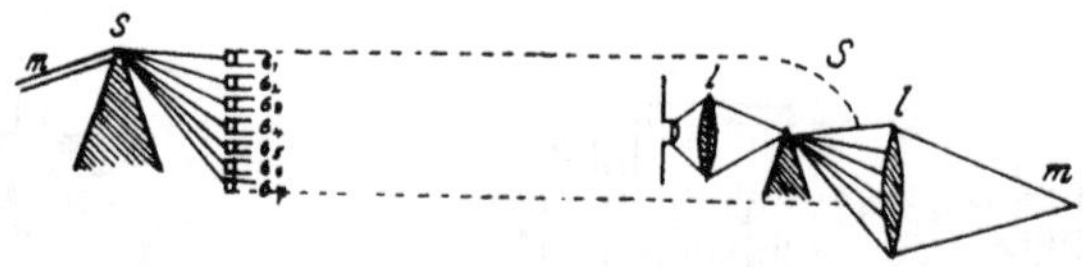

Fig. 15. Kassettenanordnung für Le Blancs farbige Bildübertragung.

geschaltet werden und die Leitung induktiv beeinflussen. Natürlich wären die den einzelnen Bildelementen entsprechenden Lichtbündel ihrer Farbe nach mit verschiedener Brechung durch das Prisma gedrungen und hätten dementsprechend immer eine andere Selenzelle, somit einen Wechselstrom anderer Frequenz an die Leitung geschaltet. Auf der Wiedergabestation wäre eine entsprechende Anzahl von Resonanzrelais an die Leitung zu schalten gewesen, deren jedes einen Lichtstrahl einer Lichtquelle von anderer Farbe zur Wirkung gebracht hätte, welche Farbe dem Platz der auf der Aufgabestation hinter dem Prisma befindlichen Selenzelle entsprochen hätte.

Das Projekt Le Blanc beweist, daß er sich theoretisch sehr viel mit der Frage befaßte, aber die primitiven mechanischen und optischen Lösungen lassen auf wenig praktische Versuche schließen.

F. Fernsehanordnung von Szczepanik.

Obgleich der Zeit nach es später an die Reihe käme, wollen wir der Aehnlichkeit halber das Projekt Szczepanik schon hier besprechen (Fig. 16). Der obere Teil der Figur zeigt den Aufgabeapparat, der untere Teil die Wiedergabevorrichtung. Das Bild des Gegenstandes *G* gelangt durch die von den Deckplatten *v* und v_1 gebildete Schlitzöffnung in die lichtdichte Kammer *A* und wird auf das vertikale Plättchen *b* projiziert, auf welchem in der Längsrichtung ein kleiner schmaler Spiegel *a* befestigt ist. Die Abbildung dieses Teiles ist auf Fig. 17 sichtbar. In diesem schmalen Spiegel wird also immer nur ein schmaler Streifen des zu übermittelnden Bildes auf den sekundären Spiegel a^1 reflektiert, von welchem es auf die Selenzelle *S* gelangt. Das Spiegelchen *a* wird durch den

Elektromagneten E um eine vertikale Achse, der Spiegel a^1 hingegen durch den Elektromagneten E^1 um eine horizontale Achse in Schwingung gehalten. Zwischen der Bewegung der zwei Spiegel ist ein derartiger Zusammenhang, daß während der Zeit, in welcher der Spiegel a

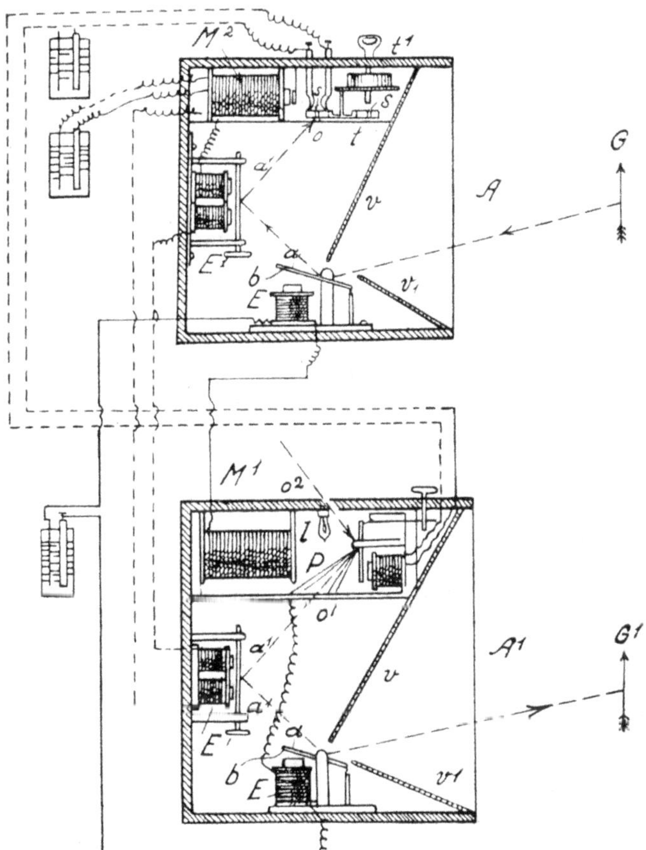

Fig. 16. Sender und Empfänger des Fernsehers von Szczepanik.

seiner Breite entsprechend vorrückt, also während welcher ein Streifen des Bildes in die Kammer projiziert wird, der Spiegel a^1 einmal auf- oder abwärts gedreht wird, d. h. er zieht den auf ihn fallenden Bildstreifen durch das Diaphragma o hindurch der Selenzelle S entlang.

Die Selenzelle ist hier von ganz besonderer Beschaffenheit und weist darauf hin, daß **Szczepanik** mit ihr Versuche anstellte, wobei er sie für seine Zwecke als zu träge fand. Deshalb besteht die Selenzelle bei ihm aus zwei konzentrischen isolierten Scheiben und der kleine Spalt zwischen beiden ist mit Selen ausgefüllt. Die scheibenförmige Selenzelle wird durch das Uhrwerk t^1 in Drehung gehalten, so daß immer ein anderer Teil der Selenschicht zwischen die Stromzuführungsbürsten gelangt, während der belichtete Teil durch die Drehung in die Dunkelheit wandert und sich dort von der Lichtwirkung sozusagen erholen kann.

Der Mechanismus und die Optik des Reproduktions-Apparates sind die gleichen, nur die Richtung des Lichtstrahles ist entgegengesetzt. Die anlangenden elektrischen Impulse nimmt ein Elektromagnet auf, welcher der fein einstellbaren kleinen Platte *b* verschiedene Drehungen geben würde. Auf diesem Plättchen ist das Spiegelchen *P* befestigt, das von der Lampe *l* das Licht erhält und dieses durch den veränderlichen (z. B. keilförmigen) Spalt o_1 auf das Spiegelchen a^1 wirft und zwar mehr oder weniger Licht, je nachdem wie groß die Drehung des Spiegelchens *P* infolge des elektrischen Impulses war. Je größer nämlich der Ausschlag ist, durch einen um so breiteren Teil des keilförmigen Diaphragmas o_1 geht das Licht hindurch.

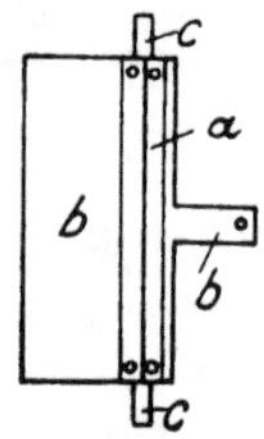

Fig. 17. Spiegelanordnung des Fernsehers von Szczepanik.

Die Synchronisierung der beiden Apparate geschieht dadurch, daß die Magnete, welche die Spiegelchen in Schwingung halten, miteinander verbunden sind. Natürlich bedeutet dies, daß die Apparate — wie dies auch auf der Figur zu sehen ist — mindestens vier Verbindungsdrähte haben.

Die an dieses Projekt Szczepanik sich heftenden Hoffnungen erwiesen sich bald als verfrüht. Seine Anordnung, obzwar er fast überall detaillierte mechanische, optische und elektromagnetische „Lösungen“ angab, machte den Eindrück eines jedes Versuches und gründlicheren Durchdenkens baren Probierens.

Der optische Teil selbst würde vielleicht mit kleineren Abänderungen noch gelungen sein, der Mechanismus aber z. B. hätte jedenfalls versagt aus denselben Gründen wie der Apparat von Le Blanc, nämlich wegen der mindestens 500 sekundlichen Schwingungen bei der sekundären Zerlegung. Es ändert nämlich sehr wenig daran, daß Le Blanc die Zerlegung mit einem, Szczepanik mit zwei Spiegeln ausführt. Elektromagnete können solche Körper mit relativ großer Masse bei solcher Frequenz nicht mit großer Amplitude bewegen.

Die angegebene Lösung der Selenzellenfrage ist auch undurchführbar. Es ist im allgemeinen schon sehr fraglich, ob in einem solchen einzigen schmalen Selenstreifen eine derartige Veränderung zu Stande kommt, daß dieselbe selbst mit dem empfindlichsten Instrumente registrierbar wäre, aber selbst wenn das möglich wäre, müßten die mikrophonischen Wirkungen der beiden Stromführungsbürsten diese schwachen Wirkungen ganz verwischen. Dabei wollte Szczepanik diese unmeßbaren kleinen verschwommenen Stromänderungen mittels eines Elektromagneten zum Inschwingunghalten eines Eisenplättchens benutzen, wahrscheinlich in der Voraussetzung, daß es ihm gelingen würde, wovon aber in seinem Projekt keine Erwähnung ist, die Empfindlichkeit des Selens mehrere hundertmal zu verstärken.

Bei diesen Uebelständen ist der Umstand, daß zur Synchronisierung der Apparate vier Leitungen nötig sind, nur eine geringe Schwierigkeit.

G. Fernsehanordnung von Nipkow.

Das zeitlich nun folgende Projekt Nipkows enthält recht interessante, sogar wertvolle Details. Er gehört zu jenen wenigen, die mit originellen Ideen das Problem des Fernsehens seiner Verwirklichung näher brachten.

Die Zerlegung und Synthese des Bildes geschieht bei ihm durch ein sehr einfaches System, das auch nach ihm oftmals angewandt wurde, welches aber höchstens zu Versuchszwecken

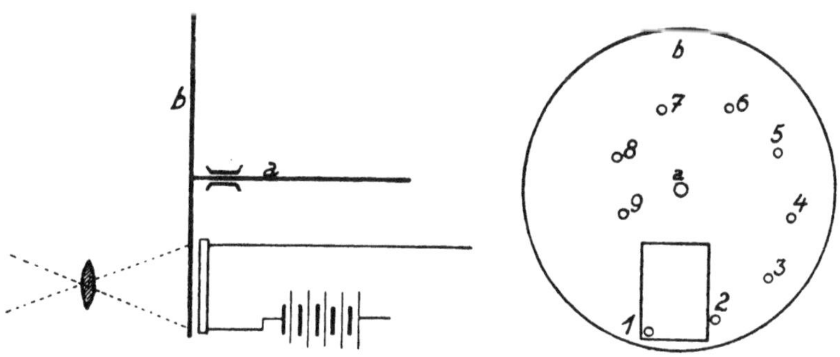

Fig. 18. Die Fernsehanordnung von Nipkow.

und zwar nur zu groben Versuchen verwendbar gewesen wäre. Nipkow verwendet nämlich zwischen das durch die Linse entworfene Bild und die Selenzelle (siehe Fig. 18) die um die Achse *a* drehbare Scheibe *b*, an deren Umfang einer Spirallinie kleine Oeffnungen gebohrt waren. Auf der rechten Seite der Figur sehen wir die Vorderansicht der mit neun Oeffnungen versehenen Scheibe. Eine Oeffnung ist von der anderen um eine Bildbreite entfernt und jede der hintereinander befindlichen Oeffnungen ist um je eine Oeffnungsbreite der Scheibenachse näher. Wenn wir annehmen, daß das in Fig. 18 rechts gezeichnete Rechteck die Bildfläche darstellt und wir die Scheibe uns rotierend vorstellen, erkennen wir sofort die Zerlegungsmethode. Die Oeffnung Nr. 1 läuft den äußeren Rand der Bildfläche ab und läßt vom Bilde nacheinander entsprechende Punkte auf die Selenzelle fallen. Nachher streift die Oeffnung Nr. 2 den nächstfolgenden Streifen ab usw. So oft die Scheibe sich einmal dreht, gelangen die einzelnen Bildelemente nacheinander auf die Selenzelle.

Dieses Projekt würde zwar eine sehr einfache Lösung ergeben, aber leider ist dasselbe praktisch undurchführbar. Wenn wir unter-

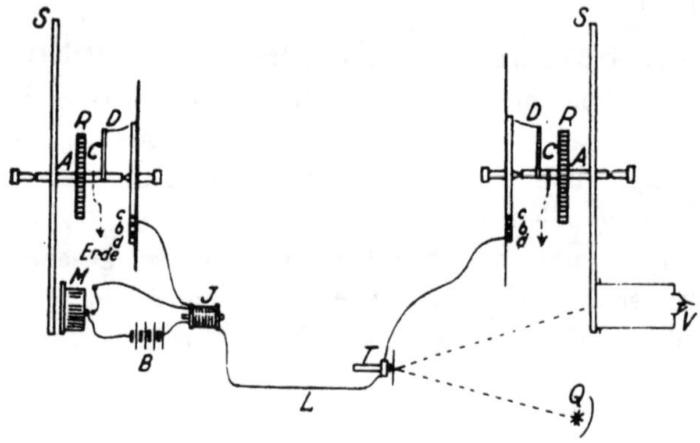

Fig. 19. Schematische Darstellung des vollständigen Apparates von Nipkow.

suchen, wie groß eine Scheibe sein müßte, um ein Bild von 5 $\times$ 5 cm in Bildelemente von 1 mm zu zerlegen, so ist es klar, daß man auf der Scheibe Oeffnungen von 1 mm Durchmesser bohren müßte und jedes derselben einen Abstand von 50 mm vom anderen haben müßte, was soviel bedeutet, daß die entsprechende Scheibe $2^1/_2$ m im Umfang hätte. Und dies würde nur den Mindestforderungen entsprechen.

Den vollständigen Apparat von Nipkow stellt Fig. 19 dar. Das Objektiv *P* wirft das Bild durch die spiralförmig durchlochte Scheibe *S* auf die in *M* befindliche Selenzelle, deren Fläche so groß ist wie das ganze zu projizierende Bild. Die Selenzelle ist mit der Batterie *B* und einem Mikrophonrelais in Serie geschaltet.

Nipkow sorgte also bereits dafür, daß die schwachen Wirkungen der Selenzelle verstärkt würden. Der den Bildelementen entsprechend veränderliche Strom wird durch den Transformator *J* in die Leitung geführt, welche denselben zur Wiedergabestation leitet. Die Scheibe sollte ein später eingehender zu beschreibendes phonisches Rad nach P. la Cour in Bewegung halten.

So oft nun die spiralgelochte Scheibe in der Aufgabestation ein helles „lichtstarkes" Bildelement auf die Selenzelle durchläßt, wird ebenso oft in der Wiedergabestation die Telephonmembrane *T* mehr oder weniger konkav werden. Hierdurch wird aber auch der zurückgeworfene Strahl mehr oder weniger konvergent, wodurch die auf die Flächeneinheit fallende Lichtmenge (Intensität) vergrößert wird. Unser Auge wird an jener Stelle der Bildfläche, wo in diesem Moment die kleine Oeffnung den Strahl hindurchläßt, einen helleren Punkt sehen.

Eine ähnliche Lichtmembrane benutzte z. B. Bell bei seinem Lichttelephon, wo man auf ein spiegelndes Glimmerplättchen sprach und derartige Undulationen im zurückgeworfenen Lichtstrahle verursachte, daß man mit Hilfe einer Selenzelle, die mit einer Batterie und einem Hörer in Serie geschaltet war, die Rede wiedergeben konnte. Nach Versuchen von D. v. Mihály ist die hierbei zu erzielende Empfindlichkeit groß.

Der Wiedergabeapparat Nipkows wäre vielleicht, abgesehen von der unausführbaren Dimension der Scheibe, zu verwirklichen gewesen, wenn er schon damals im Stande gewesen wäre, die schwachen Wirkungen der Selenzelle durch ein ohne Trägheit arbeitendes Relais zu verstärken. Natürlich hätte auch dann nur von der Uebermittlung sehr weniger und sehr großer Bildelemente die Rede sein können.

Zur Registrierung der Stromwirkungen gab Nipkow noch zwei Methoden an. Bei der einen wurde die Drehung der Polarisationsebene benutzt. Wenn man zwischen zwei sich kreuzenden Nichol-Prismen ein Faraday'sches Rohr oder ein mit Schwefelkohlenstoff gefülltes Glasgefäß bringt und das System durch eine Lichtquelle durchleuchtet, so kann man es durch entsprechende Drehung der Prismen erreichen, daß das Licht durch das System nicht hindurchgeht. Falls man aber die zwischen den Prismen befindliche Röhre mit einem Solenoid umgibt, in welchem ein Strom fließt, so wird bei unveränderlichen Prismen, der Stromstärke entsprechend, mehr oder weniger Licht hindurchgehen. Damit aber die Erscheinung in wahrnehmbarer Stärke zu Stande kommt, sind ziemlich starke Stromänderungen nötig, die aber nicht zur Verfügung stehen.

Auch das andere Projekt Nipkows, eine Königsche Gasmembrane durch einen Elektromagneten in Bewegung zu bringen, welch letzteren die von der Selenzelle beeinflußten Stromwirkungen umfließen, war ebenfalls wenig aussichtsvoll. Die König'sche Gasmembrane ist in jener Form, bei welcher man sie zur Aufnahme von Schallkurven benutzt, bekannt. Es ist dies eine schmale Dose, welche auf der einen Seite eine Häutchenmembrane hat und oben mit einem Gasbrenner, unten mit einem Gaszuleitungsrohre versehen ist. In ihrem Ruhezustande brennt die Gasflamme gleichmäßig, falls wir aber auf die Membrane sprechen, ändert sich das Volumen in der Dose und die Flamme vollführt dem Ton entsprechende Vibrationen. Die Form, in welcher sie Nipkow zu gebrauchen gedachte, zeigt Fig. 20. Hier wird statt der Häutchenmembrane eine dünne Weicheisenmembrane benutzt, welche vor dem durch den von anlangenden Stromimpulsen umflossenen Elektromagnet *a* als Telephonmembrane arbeitet. Natürlich ist der Hauptfehler auch bei dieser Anordnung, daß relativ starke Wirkungen nötig sind, um die Aenderungen wahrnehmbar zu machen. Da die Nipkow'schen Anordnungen keinen anderen Zweck hatten, als einen mit nur wenig Bildelementen wirkenden Probeapparat zu konstruieren, befassen wir uns hier auch nicht weiter mit der Frage, ob die von Nipkow projektierten Registrier-Anordnungen der minimalen Frequenz von 25000 in der Sekunde Genüge hätten leisten können.

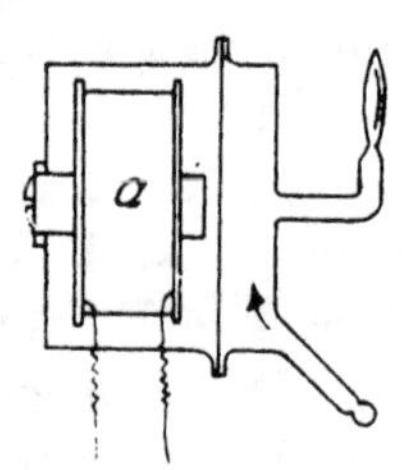

Fig. 20.
Die Königsche Gasmembrane in der Nipkowschen Form.

H. Der Vorschlag von Sutton.

Das Projekt Sutton's ist eigentlich mit dem von Nipkow angegebenen identisch, es weicht nur darin ab, daß es hinter der spiralig durchlochten Scheibe eine zweite Linse verwendet und in den Brennpunkt dieser Linse die Selenzelle von kleiner Oberfläche stellt. Sutton wird wahrscheinlich auch Versuche angestellt haben, bei welchen er wahrnahm, daß die verschiedenen Stellen einer Selenzelle bei einer gleich starken Belichtung verschieden starke Wirkungen auslösen, und so würden eventuelle gleich lichtstarke Bildelemente verschieden stark wiedergegeben werden. Deshalb ist es bei einem Fernsehapparat wichtig, daß die Bildelemente immer an derselben

Stelle der Selenzelle wahrgenommen werden sollen und es ist vorteilhaft, wenn sie die Zelle immer ganz „bedecken“.

I. Die Weillersche Scheibe.

Weiller schlägt zur Zerlegung des Bildes ein originelles System vor. Er gebraucht eine Scheibe, an deren Umfang 500 kleine Spiegelchen angebracht sind, deren mit der Scheibenachse gebildeter Winkel vom rechten Winkel des ersten Spiegelchens ån stufenmäßig immer spitzer wird (siehe Fig. 21). Auf die neben der Scheibe hinter einem Diaphragma befindliche Selenzelle fällt somit, je nachdem welches Spiegelchen das Bild hinprojiziert, immer ein anderer Höhenstreifen des Bildes. Zur Wiedergabe verwendet er eine Königsche Gasmembrane, welche elektrisch betätigt wird und welche die Lichtänderungen hinter einem Diaphragma ausführt.

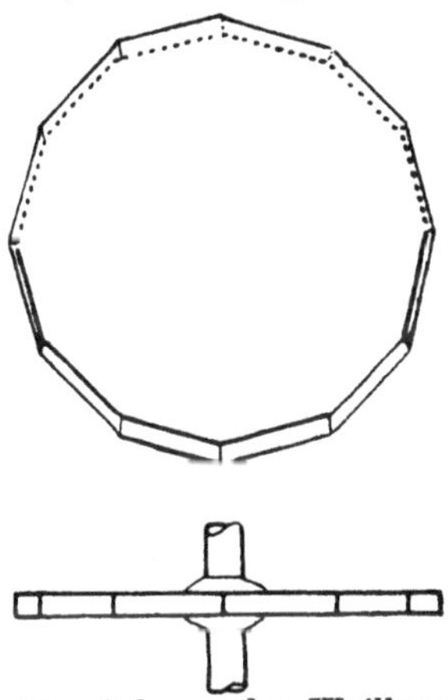

Fig. 21. Schema der Weillerschen Spiegelanordnung.

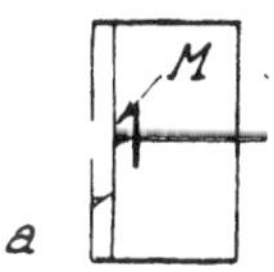

Fig. 22. Lichtempfindliches Organ von Liesegang.

Die Verteilung der verschieden starken Lichtstrahlen in der Bildfläche bewirkt eine ebensolche Spiegelscheibe wie jene, welche die Zerlegung bei der Aufgabestation bewirkt.

J. Der Vorschlag von Liesegang.

Liesegang befaßte sich gründlich und eingehend mit dem Problem, aber wie es scheint, hauptsächlich theoretisch. Zur Zerlegung und Wiedergabe gibt er zwei von den bisherigen abweichende Methoden an, aber über deren praktisches Funktionieren fehlt jede Angabe. Auch in seinem Buche „Beiträge zum elektrischen Fernsehen“ fehlt jede Angabe. Die Bildelemente würden nach dieser Methode durch eine winzige Oeffnung eines lichtdicht verschlossenen Kästchens (siehe Fig. 22) auf eine Platin- oder Ebonitmembrane *a* projiziert werden, hinter welcher der Mikrophonkontakt M angebracht sein sollte. Nach Liesegang sollte die Membrane unter der Wirkung der verschiedenen lichtstarken Bildelemente zu vibrieren anfangen und somit, den verschiedenen Lichtintensitäten entsprechend, auf den Mikrophonkontakt M verschieden starken Druck ausüben.

Zur Wiedergabe verwendete Liesegang ein elektrolytisches System.

K. Die Anordnung von Brillouin.

Bei den Anordnungen von Brillouin findet man lange Ueberlegungen, welche die Bildzerlegung betreffen. Nach ihm würde das Bild nur dann genügend klar übertragen werden, wenn die als Quadrate angenommenen Bildelemente in jeder Richtung nur $^1/_{20}$ mm Ausdehnung hätten. Somit müßte man ein nur 4×4 cm großes Bild in 640000 Elemente zerlegen, woraus sich dann, nachdem die Bildelemente in der Sekunde 10-mal der Reproduktionsstation übermittelt werden müssen, damit unser Auge dort ein zusammenfließendes Bild sieht, eine sekundliche Frequenz von 6400000 ergibt.

Diese Annahme Brillouins ist übertrieben. Wir sehen schon bei Quadraten von 1 mm eine genügend erträgliche Wiedergabe und wenn die Bildelemente nur ein viertel Millimeter groß sind, so ist die Reproduktion einer solchen in einer Zeitung gleichwertig.

Demgegenüber kann man die Hoffnungen, die er an seine, mit nicht sehr großer Gründlichkeit durchdachten Konstruktionen knüpft, als ziemlich gewagt betrachten. Diese zeigen einen fast gänzlichen Mangel an praktischem Sinn.

Die Zerlegung des Bildes in seine Elemente (und auch die Synthese) geschieht bei ihm mittels zweier Scheiben, welche an ihrem Umfange Linsen tragen. Die eine Scheibe ist die primäre, die andere hingegen, welche sich mit einer ca. 1000-fachen Geschwindigkeit dreht, die sekundäre Zerlegerscheibe. Die übereinander sich verschiebenden Linsen werfen natürlich immer einen anderen Punkt des Bildes auf die Selenzelle (Fig. 23).

Zur Wiedergabe wollte Brillouin (Fig. 24) eine spiegelgalvanometerartige Anordnung verwenden. Die Strahlen der Lichtquelle S werden durch ein mit einem dreieckigen Schlitz versehenes Diaphragma E_1 hindurch mittels der Linse L_1 auf das Hohlspiegelchen von C geworfen, welches in einem Solenoid befestigt ist, das auf einer, zwischen den Magnetpolen NS drehbar gelagerten Achse aufgehängt ist. Das Solenoid wird von den, von der Selenzelle ausgelösten Stromimpulsen durchflossen, wodurch diese sich entsprechend dreht.

Hierdurch bewegt es aber den zurückgeworfenen Teil des dreieckigen Lichtstrahles auf dem viereckigen Diaphragma E_2. Je nachdem nun der dreieckige Lichtfleck nur mit seiner Spitze oder mit einem breiten Teile seines Querschnittes auf die viereckige Oeffnung gelangt, durchdringt eine kleinere oder größere Lichtmenge das

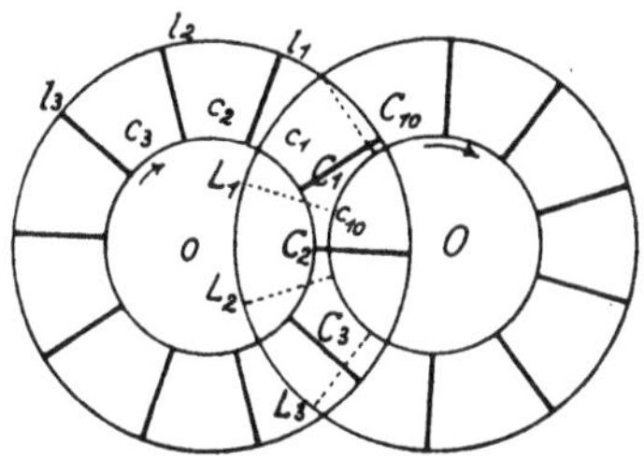

Fig. 23.
Bildzerleger von Brillouin.

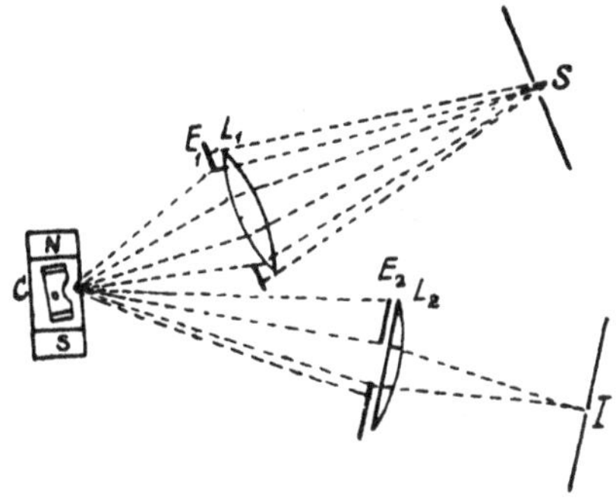

Fig. 24. Lichtrelais von Brillouin.

Diaphragma. Die hinter dem Diaphragma befindliche Linse L_2 sammelt die durch die Oeffnung gelangende Lichtmenge in ihren Brennpunkt, dessen Intensität sich je nach der durch die Oeffnung gelangenden Lichtmenge verändert.

Bei dem Zerlegerapparat sind die genaue Einstellung der Linsen und die Drehung derselben mit großer Geschwindigkeit, bei dem Reproduktionsapparat hingegen die langsame Bewegung des Hohlspiegelchens die hauptsächlichen Gründe, welche die Einrichtung von Brillouin zur Verwirklichung des Fernsehens unbenutzbar erscheinen lassen. Später hat Brillouin, vielleicht eben aus diesem Grunde, an eine photographische Fixierung gedacht, d. h. er baute daraus einen Bildtelegraphen, unter welchen wir aber bedeutend einfachere und zweckentsprechendere Ausführungen kennen (Korn, Belin etc.).

L. Die Schlitzanordnung von Majorana.

Die Neuerung Majoranas betrifft nur den Bildzerleger, bzw. Zusammensetzungs-Apparat. Er verwendet zwei mit radialen Schlitzen versehene Scheiben (siehe Fig. 25), bei welchen, während der primäre Schlitz auf der Bildfläche um die Schlitzbreite vorrückt, ein Querschlitz der sekundären Scheibe dem ersten entlang gleitet. Es ist leicht nachzurechnen, daß sich für die sekundäre Scheibe außerordentlich hohe Geschwindigkeiten ergeben, wobei noch jener Umstand erschwerend wirkt, daß die Festigkeit der geschlitzten

Scheibe vermindert wird. Gleich unangenehm wäre auch der große optische Verlust, welcher in den durch die Schlitze gebildeten „Lichtkanälen“ hervorgerufen wird.

M. Kalklichtlampenanordnung von Pontois.

Auch Pontois bringt nichts Neues, indem er im Ganzen nur von der Annahme ausgeht, daß die Empfindlichkeit der Selenzelle zumeist die Wirkung der die Lichtstrahlen begleitenden Wärmestrahlen

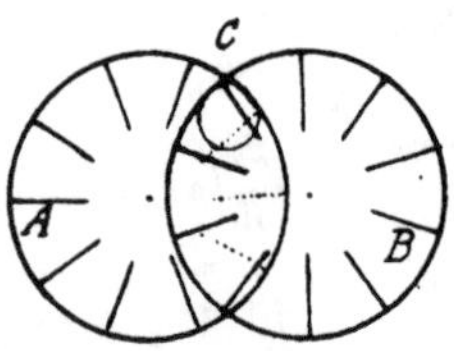

Fig. 25.
Die Schlitzanordnung von Majorana.

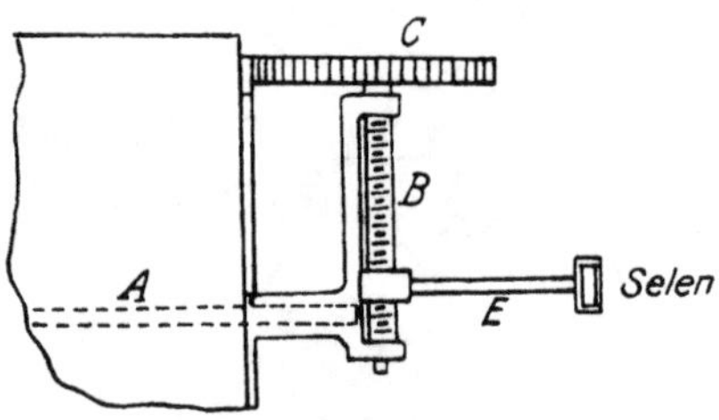

Fig. 26. Schraubenspindeleinrichtung mit Selenzelle von Carey.

sei, weshalb er den zu übermittelnden Gegenstand mit einer viel Wärme ausstrahlenden Lichtquelle, z. B. Kalklichtlampe beleuchtet.

N. Schraubenspindelanordnung von Carey.

Auch Carey gab eine Neuordnung an, bei welcher aber die einzige Neuheit darin besteht, daß er mittels des in Fig. 26 dargestellten Zahnrades und der Schraubenspindel die Selenzelle selbst der Bildfläche entlang bewegt.

O. Fernseherprojekt von Coblyn.

Das durch Coblyn im Jahre 1902 beschriebene Projekt wandelt schon sozusagen auf jenen Pfaden, welche zur Lösung führen. Im Gegensatz zu den bisherigen Projekten scheint er schon mit den

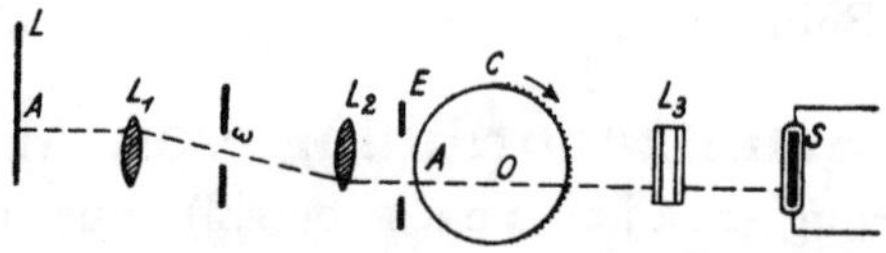

Fig. 27. Schema des Fernseherprojektes von Coblyn.

großen Anforderungen zu rechnen, welche an den Bildzerleger und Vereinigungs-Apparat gestellt werden, dann rechnet er schon mit der geringen Größe der zum Registrierorgan auf der Wiedergabestation ankommenden Ströme und trachtet, dieselben in geistreicher Weise zu überbrücken. Seine Einrichtung zeigt Fig. 27.

Die Ebene $A\ L$ bedeutet den Glasschirm einer Dunkelkammer, auf welchen das zu übermittelnde Bild projiziert wird. Dieses Bild wirft die Linse L_1, zu sehr kleinen Dimensionen zusammengezogen, in die hinter ihr befindliche kleine Oeffnung des Diaphragmas, welches aber im Brennpunkte der Linse L_2 sich befindet, so daß letztere die nunmehr einander parallelen Strahlen durch die um eine horizontale Achse sich drehende Trommel C und die Linse L_3 hindurch auf die Selenzelle S projiziert. Die Trommel C ist, wie dies in Fig. 28 dargestellt, ein auf ihrem Mantel mit schiefen Schlitzen

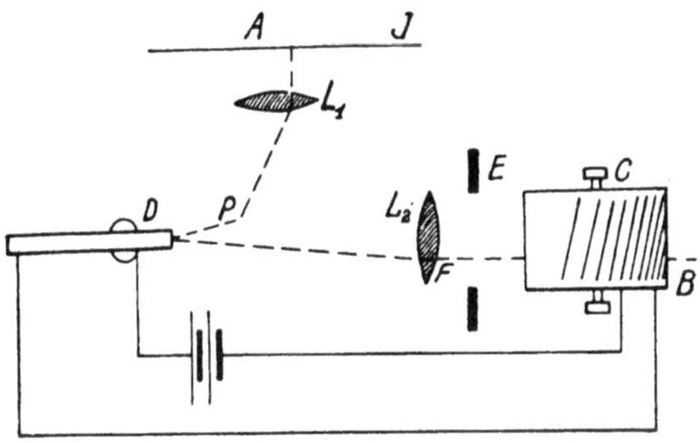

Fig. 28. Coblyns Empfangsapparat.

versehener Blechzylinder, bei dem die Neigung der Schlitze so gewählt ist, daß der eine an der Stelle endet, an welcher der andere Schlitz beginnt. Der Effekt ist derartig, daß, wenn man zwei auf der Mantelfläche um 180 Grad verschobene Schlitze betrachtet, diese zwei Schlitze miteinander in entgegengesetzter Richtung kreuzen, wenn die Trommel sich dreht. Wir erreichen also mit dieser Trommel denselben Zweck, wie mit zwei Platten, welche entgegengesetzte Schlitze enthalten und sich gegeneinander bewegen. Mit anderen Worten: der auf die Trommel projizierte und die Schlitze durchdringende Lichtstreifen wird infolge der Trommeldrehung in Punkte bezw. Quadrate zerlegt. Natürlich muß auch dafür gesorgt sein, daß das Bild in Streifen zerlegt wird, was Coblyn durch ein auf einer elektrisch betriebenen Stimmgabel befestigtes Spiegelchen zu erreichen versuchte. Die Vorrichtung ist auch zur Synthese des Bildes zu gebrauchen, wenn man sie umgekehrt verwendet. Interessant ist es, daß Coblyn zur Registrierung der ankommenden Stromwirkungen einen oszilographenartigen Lichtverschluß verwendete (siehe Fig. 29), welcher, zwar kaum zu verwirklichen, dennoch zeigt, daß Coblyn mit praktischem

Sinn seine Mittel auswählte. Das Licht der Lichtquelle S wird mittels der Linsen L_3 und L_4 durch das Röhrchen S_1 hindurch in die Bildvereinigungsvorrichtung projiziert, welche die Umdrehung des oben beschriebenen Zerlegerapparates bildet. Dieses kleine

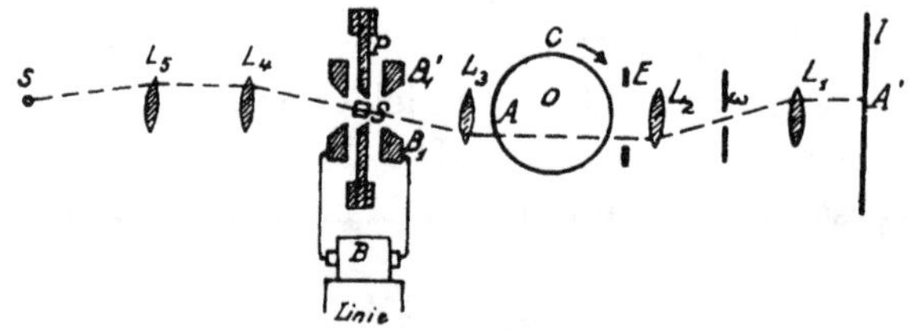

Fig. 29. Oszillographischer Lichtverschluß von Coblyn.

Röhrchen ist aus Eisen und ist auf einer sehr leicht drehbaren Achse zwischen den Polen der Elektromagneten P aufgehängt, während die Solenoide $B_1 B_1'$ der Elektromagnete durch die anlangenden Stromimpulse durchflossen werden, wodurch das Röhrchen ausschwingt und hierdurch den Lichtstrahl mehr oder weniger abblendet. Die Einrichtung ist dem Wesen nach mit dem Blondelschen Nadel-Oszillographen identisch und kann bei einem Schwingungskörper von entsprechend kleiner Masse sehr großen Frequenzen folgen. Leider benötigt man zu seinem Betriebe, wie wir dies schon oben einmal behandelt haben, Effekte von einer ganz anderen Größenordnung, als sie mittels einer Selenzelle hervorzurufen sind. Ein anderer großer Fehler der Anordnung von Coblyn besteht darin, daß sie infolge der vielen Linsen, der Trommel etc. mit großem Lichtverlust arbeitet, was die Wirkung der bei dem Fernseher ohnehin lichtschwachen Bildelemente völlig vernichtet.

P. Das Projekt von Nisco.

Fast gleichzeitig mit dem Projekte Coblyn's wurde auch das Projekt Nisco's bekannt, der ebenfalls zu den Experimentatoren zu gehören scheint, wenigstens lassen hierauf seine ins Detail gehenden Beschreibungen von den einzelnen Teilen seines Apparates schließen. Er kehrte zu dem mehrzelligen System der ersten Erfinder zurück, woraus folgt, daß er bei seinen Versuchen mit einer einzigen Zelle, die Registrierung betreffend, keine zufriedenstellenden Resultate erhielt. Nisco verwendete daher eine mosaikartig zusammengesetzte Selenzellentafel, welche er in einem photographischen Apparat an die Stelle der Mattscheibe anbringt. Er beschreibt auch eingehend das Verfahren der Herstellung einer solchen Tafel. Nach derselben wird ein feines Drahtnetz mit einem Isolationsemail versehen und in die einzelnen Oeffnungen des Netzes Drahtenden eingezwängt, welche von den Netzwandungen durch das Email isoliert waren. Das so vorbereitete Netz wird auf einen festen Isolationsgrund angebracht, dessen Oberfläche abgeschliffen und nachher mit einer Selenschicht überzogen. Da die Widerstandsänderungen derart kleiner Zellen kaum wahrnehmbar sind, würden die einzelnen Zellen durch ein quantitativ arbeitendes Mikrophonrelais Stromwirkungen verschiedener Stärke auslösen. Die Stromkreise der einzelnen Relais sollte ein kommutatorartiger Schalter nacheinander an die zwei Fernleitungen anschalten. Auf der Empfangsstation werden die Stromimpulse in ein verstärkendes Mikrophonrelais geleitet, welches in einem lokalen Stromkreis Induktionsfunken hervorruft. Die Funkenstrecke ist in einer leeren Trommel angebracht, deren Oberfläche spiralförmig mit Löchern versehen ist; diese Trommel dreht sich mit dem Kommutator der Empfangs-Station synchron. Je nachdem nun, welcher Punkt der Bildfläche durch ein Loch hindurch mittels der verschieden hellaufblitzenden Funkenstrecke sichtbar gemacht wird, wird man Bildelemente von verschiedener Lichtintensität wahrnehmen.

Q. Die Vorschläge von Re, Jaworski, Frankenstein u. a.

Philippo Re, Jaworski, Frankenstein u. a., von deren „Erfindungen“ in den letzten Jahren die Rede war, brachten auch nichts besonders Neues. Es sind meistens mehr oder weniger geschickte Kombinationen der bereits bekannten Systeme.

R. Der Fernseher von Lux.

Ganz neuartig hingegen ist die im Jahre 1906 beschriebene Vorrichtung des Lux'schen Fernsehers. Lux dürfte der Schwierigkeiten sich bewußt gewesen sein. In Kenntnis des schwachen Reaktionsvermögens der Selenzelle hat er eine aus vielen Einzelzellen zusammengesetzte Zellentafel benützt. Er wußte aber auch, daß die Hintereinanderschaltung der vielen Zellen an die Fernleitung mittels eines Kommutators unmöglich war, weil die in der Zelle gewonnenen schwachen Stromwirkungen sich ganz verwischen; deshalb suchte Lux Wege, wie er sämtliche Bildelemente auf einmal übermitteln könnte. Er fand auch, wenigstens theoretisch, die Methode. Er schaltet nämlich jede Zelle in einen Wechselstromkreis von anderer Periode derart, daß diese Stromkreise alle induktiv auf die Fernleitung wirkten.

Auf der Reproduktionsstation ist eine Tafel mit derart vielen Oeffnungen, wie Selenzellen auf der Aufgabestation vorhanden sind, angeordnet. Die einzelnen Oeffnungen sind durch den Kopf je einer langen, stricknadelähnlichen Feder verdeckt, so daß die hinter der Tafel befindliche Lampe diese nicht zu durchleuchten vermag. Bei jeder Feder ist ein Elektromagnet angebracht, welchen die von der Fernleitung anlangende Stromwirkung durchfließt. Da aber jeder einzelne Federverschluß auf eine bestimmte Eigenfrequenz eingestellt ist, ist es klar, daß die einzelne Feder nur dann schwingen wird, wenn die ihr entsprechende Selenzelle einen für ihr in Schwingungsetzen genügend starken Strom von der gleichen Frequenz hindurchläßt. Wenn eine Feder in Schwingung gerät, wird das über ihr befindliche Quadrat einen hellen Fleck auf der Tafel bilden, denn die Feder verdeckt nicht mehr die Oeffnung.

Leider hat auch diese geistreiche Lösung nur einen theoretischen Wert, zu deren praktischen Verwirklichung jede Aussicht fehlt. Abgesehen nämlich von der außerordentlichen Schwierigkeit des werkstattechnischen Teiles des Vorschlages, ist es kaum zu hoffen, ein Relais zu Stande zu bringen, welches mit 2500 Stromkreisen verschiedener Frequenz dieselben voneinander zu scheiden und in Resonanz zu versetzen vermöchte.

S. Der Fernseher von Rignoux und Fournier.

Im selben Jahre (1906) haben endlich nach den vielen „Papier-Versuchen" Rignoux und Fournier als erste systematische Versuche durchgeführt, deren einfachste sie auch verwirklicht haben.

Der von ihnen vorgeführte Apparat hat kaum den Anspruch, ein Fernseher genannt zu werden, dennoch müssen wir ihn als den ersten praktischen Schritt der Fernsehtechnik betrachten.

Sie verwendeten zur Bildaufnahme eine mosaikartig ausgebildete Selenzellentafel, auf welche sie verschiedene einfache geometrische Figuren, einfachere Buchstaben, Kreuze etc. unmittelbar auflegten. Jede Zelle war mit je einem Spiegelgalvanometer verbunden, welcher in einem lichtdichten Kästchen eingeschlossen war und welche gemeinsam den Reproduktionsschirm bildeten.

Die Spiegelchen waren nun so eingestellt, daß sie den auf sie fallenden Lichtstrahl nur dann auf die Mattscheibe werfen können, wenn die ihnen entsprechende Selenzelle stark belichtet ist.

Diejenigen Zellen, welche nun durch den aufgelegten Buchstaben verdeckt waren, ließen die Oeffnungen der ihnen entsprechenden Spiegelgalvanometer dunkel. Die Oeffnungen jener

Spiegelgalvanometer hingegen, deren entsprechende Selenzelle stark belichtet waren, zeigten helle Flecke, wodurch sie mittels Schatten- und Lichtquadraten die Nachbildung des betreffenden Buchstabens bildeten. Später gaben Rignoux und Fournier die wirkliche Konstruktion eines Fernsehapparates an, welcher aber mit den schon erwähnten Vorrichtungen gleichwertig ist und nur eine andere Variation derselben bildet. Sie benutzten eine mosaikartige Zellenwand, welche die verschiedenen Zellenstromkreise mittels eines Kommutators der Reihe nach an die Fernleitung schalten. Auf der Empfangsstation ist als Registrierorgan eine solche Vorrichtung verwendet, welche schon Nipkow und andere verwendet haben und welche sich auf die elektromagnetische Drehung der Polarisationsebene gründet. Die Synthese der Bildelemente geschieht mittels einer nach Weiller konstruierten, mit Spiegeln versehenen Scheibe.

T. Der Vorschlag von Rosing.

Zu erwähnen ist hier noch der Plan Rosing's, von welchem er einige Teile auch in Wirklichkeit durch Versuche ausprobierte. Bei seinem Apparate wird die Zerlegung durch zwei spiegelnde Prismen bewirkt, die sich mit verschiedener Geschwindigkeit um Achsen drehten, welche aufeinander senkrecht stehen, was aber, wie wir dies bei ähnlichen Einrichtungen schon besprochen haben, entweder zu außerordentlichen Dimensionen oder zu unmöglichen Geschwindigkeiten führt. Interessant, jedoch ebenfalls undurchführbar, ist die Methode der Wiedergabe. Er verwendet sowohl zur Registrierung, wie auch zur Wiedergabe dieselbe Vorrichtung, nämlich eine Braunsche Röhre. Bekanntlich kann man den Kathodenstrahl der Braunschen Röhre mittels eines Elektromagneten ablenken. Rosing leitet die von der Selenzelle anlangenden Stromimpulse in einen Elektromagneten, welcher auf den Kathodenstrahl einer Braunschen Röhre verschieden stark wirkend diesen zwingt, durch eine Diaphramaöffnung von wechselndem Querschnitte hindurchzugehen. Auf jenen Teil des Kathodenstrahles, welcher die Diaphragmaöffnung schon verlassen hat, läßt er zwei Magnete einwirken, welche die Achse des Strahles auf der Bildfläche in einer derartigen Richtung in Bewegung hält, in welcher Richtung der Prismenspiegel des Aufgabeapparates das Bild zerlegte.

Einen Hauptgrund der Unausführbarkeit dieser Einrichtung bildet die Tatsache, daß die Bildströme zu einer wahrnehmbaren Bewegung des Kathodenstrahles nicht genügend stark sind.

Die oben besprochenen Fernsehapparate enthalten beiläufig sämtliche Projekte in sich, die inzwischen oder nachher aufgetaucht sind und welche durch Konstrukteure verschiedenster Beschäftigung und Nationalität veröffentlicht wurden. Leider gibt keines derselben auch nur die Hoffnung, daß es später zu einem brauchbaren Apparate führen würde.

Obzwar eine außerordentlich große Zahl von Projekten rasch nacheinander veröffentlicht wurden, können wir nirgends eine Angabe von praktischen Erfolgen finden. Die Gründe hierfür haben wir oben aufgezählt.

3) Der v. Mihálysche Fernseher.

A) Erster Entwurf von v. Mihály.

So standen die Dinge, als durch die zwischen München und Paris im Jahre 1910 von Arthur Korn erfolgreich beendeten Bildtelegraphenversuche meine Aufmerksamkeit auf die Frage des Fernsehens gelenkt wurde.

Ohne praktische Erfahrung der Eigenschaften des Selens und ohne jede Kenntnis der bis dahin erfolgten Versuche, plante ich einen solchen Apparat, welcher dem oben erwähnten Senlecq'schen Apparat ähnlich war. Die Einrichtung selbst ist in Fig. 30 schematisch dargestellt. An der Stelle, an welcher die mit dem Objektiv *a* versehene Dunkelkammer *b* mit der photographischen Platte ver-

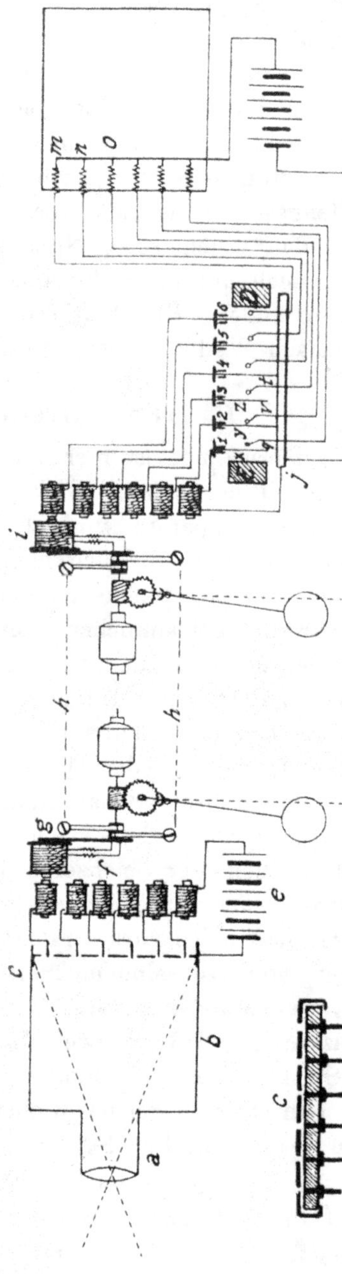

Fig. 30. Erstes Fernseher-Projekt von Mihály.

sehen wird, ist die mosaikartige Selenzellentafel *c* angebracht. Die Herstellung der Zellentafel hatte ich so geplant, daß ich auf einer Schiefertafel oder auf einer Tafel von anderem Isolationsmaterial eine dünne Metallplatte befestigte und diese mit dicht nebeneinander befindlichen Löchern versah. In die Oeffnung wurden die Drahtenden durch die Schiefertafeln hindurch derart eingezwängt, daß diese bis zur Metallplatte gelangten, ohne dieselben zu berühren. Nachher wurde die Platte mit Selen überzogen und sensibilisiert. Jede Oeffnung bildete mit der darin endenden Leitung je eine kleine Selenzelle, wobei die Metallplatte die gemeinsame Stromzuführung, die Drahtenden aber die einzelnen Ableitungen bilden. Der eine Pol der Batterie *e* ist mit den Elektromagneten *f* unmittelbar verbunden, während der andere Pol an die Metallplatte der Selenzellentafel geschaltet ist; von einer jeden Zelle führt eine Sonderleitung zu je einem Elektromagneten der Schaltvorrichtung *f*, welche durch den sich drehenden Schaltarm bezw. Schaltmagnet *g* mit der Fernleitung *h* verbunden werden.

Auf der Reproduktionsstation gelangen die ankommenden Stromimpulse in den Schaltmagnet *i*. Die Schaltvorrichtung hätte hier mit eben so vielen Magneten versehen sein müssen, wie der Schalter der Sendestation, und jeder Magnet wäre mit einer oberhalb der Schiene *j* befindlichen Stellschraube *1*, *2*, *3*, *4* etc. zu verbinden gewesen. Zwischen jeder Schraube und der Schiene war ein aus feinem Wollastondraht hergestellter kleiner Faden vorgesehen (in Fig. 30 mit *x*, *y* und *z* bezeichnet), welche, zwischen die Pole *E* und *D* eines gemeinsamen Elektromagneten gebracht, eigentlich ebensoviele empfindliche Saitengalvanometer darstellten.

Neben dem Mittelpunkte dieser Fäden war ein in senkrechter Richtung ausgespannter Faden mit einstellbarer Spannung geplant (auf der Figur sind die Querschnitte sichtbar und mit *q*, *v* und *t* bezeichnet); diese Querfäden hätten als Berührungskontakte zum Einschalten der lokalen Stromquelle der Wiedergabestation in den Kreis der unter einer gemeinsamen Glasbirne mosaikartig verteilten Glühfäden *m*, *n*, *o* etc. mit sehr kleiner Wärmekapazität dienen sollen. Zur Sicherung der synchronen Drehung glaubte ich ein genau regulierbares Sekundenpendel verwenden zu können und zwar so, daß die Schaltarme unter dem Drehmoment je eines Elektromotors gestanden hätten, jedoch die Drehungen nur im Wege einer feinen Zahnradvorrichtung von entsprechendem Uebertragungsverhältnis durch die Sekundenpendel aufgelöst hätten werden können.

Die Wirkungsweise des Apparates kann man sich leicht vorstellen. Wenn auf die Selenzellenwand ein Bild projiziert wird, lassen dessen einzelne Zellen, je nachdem ein helleres oder dunkleres Bildelement auf dieselbe fällt, den Strom der Batterie *e* in verschiedenem Maße zum entsprechenden Magneten des Schalters *f* gelangen. Der Schaltmagnet *g* wird daher je nach dem helleren oder dunkleren Stande der Bildelemente verschiedene starke Stromimpulse durch die Fernleitung zu jenem Magneten der Reproduktionsstation leiten, welchen der synchron rotierende Schaltarm *i* in dem Moment gegenübersteht. Entsprechend dem Stromimpulse wird das, mit dem betreffenden Magneten verbundene Wollastonfädchen bezw. Saitengalvanometer ausschwingen oder in Ruhe bleiben und wird somit, entsprechend der Belichtung der in diesem Moment auf der Aufgabestation geschalteten Selenzellen, mehr oder weniger stark an den daneben befindlichen Faden gedrückt, wodurch der Lokalstrom mit dem entsprechenden Glühfädchen mit mehr oder weniger losem Kontakte angeschlossen wird und dieses in ein dem Widerstand des Kontaktes entsprechendes Glühen bringt. Nachdem jedes Fädchen achtmal in der Sekunde an die ihm entsprechende Selenzelle geschaltet wird, glauben wir deren Aufblitzen auf einmal zu sehen, somit würden wir die vollständige Nachbildung des auf die Selenzellentafel geworfenen Bildes sehen.

Dieses mein Projekt erschien mir bei meiner oberflächlichen Kenntnis der Faktoren ausführbar, sodaß ich noch im Sommer desselben Jahres zu dessen Verwirklichung schritt.

Leider haben meine mit den erworbenen Selenzellen gemachten Versuche mir in Kürze die Lust genommen, sodaß ich das Problem nunmehr genauer untersuchte.

B) Wie die Mihálysche Selenzelle entstand.

a) Erste Selenzellenkonstruktion.

Meine erste Arbeit war, daß ich eine aus einem einzigen Element bestehende Zelle nach obigem Plane anfertigte, d. h. ich habe in einer 1-millimetrigen Bohrung des aus einer Schiefer- und einer Metallplatte bestehenden Plättchens ein Stäbchen isoliert befestigt, dieses Plättchen mit Selen überzogen und durch Erwärmen während einer halben Stunde sensibilisiert; sodann versuchte ich die Widerstandsänderungen zu messen, wenn ich es Lichtänderungen aussetzte. Das Resultat war äußerst schlecht.

Die Zelle, welche mit einem Milliamperemeter und einer Batterie von 20 Volt in Reihe geschaltet war, zeigte selbst dann keine Reaktion, wenn ich die gänzlich im Dunkeln gehaltene Selenzelle plötzlich dem konzentrierten Lichte einer Bogenlampe von 25 Ampere aussetzte, trotzdem beim Milliamperemeter ein Skalenteil $^1/_{10}$ Milliampere entsprach. Ebenso wenig Erfolg hatte ich mit dem sogenannten phonischen Versuche. Der phonische Versuch selbst besteht darin, daß man die Selenzelle mit der Batterie und mit einem empfindlichen Telephon von hohem Widerstand (1000 bis 2000 Ohm) in Reihe schaltet (siehe Fig. 31). Die Zelle wird nun durch das Strahlenbündel einer starken Lichtquelle derart beleuchtet, daß man das Strahlenbündel durch eine mittels eines Motors in schneller Drehung versetzte gelochte Scheibe (*a* in Fig. 31) auf die Selenzelle wirft, wobei die Scheibe den Weg der Strahlen mehrere hundertmal in der Sekunde versperrt und öffnet (intermittierendes Licht). Die durch das intermittierende Licht hervorgerufenen schnellen Stromimpulse müssen im Telephon einen summenden Ton hervorrufen. Leider hat die obige Zelle überhaupt keine Tonwirkung erzielen lassen.

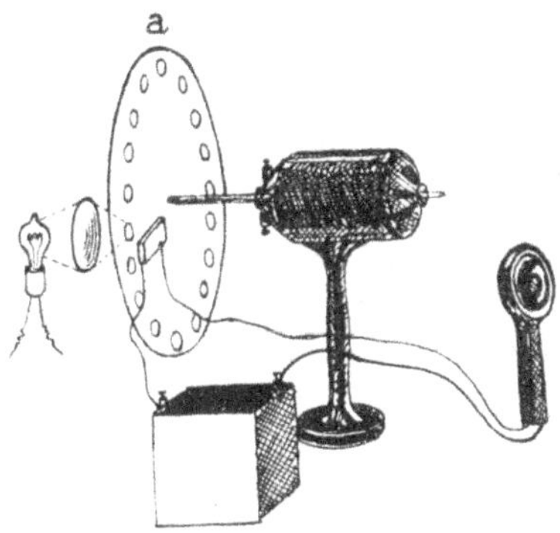

Fig. 31.
Selenzelle und phonisches Rad.

b) Parallelschaltung mehrerer Selenzellen.

In der Meinung, daß ich vielleicht nicht entsprechend sensibilisiert hatte, schaltete ich mehrere Zellen parallel in den Stromkreis und es zeigte sich, daß, als ich sieben solcher Zellen einschaltete, im Telephon ein schwacher, kaum vernehmbarer Ton zu hören war. Daß dieser in der Tat den durch die Lichtänderungen verursachten Widerstandsänderungen zuzuschreiben war, davon war ich sofort durch den Umstand überzeugt, daß der Ton verschwand, wenn ich dem Licht den Weg durch ein schwarzes Papierblatt plötzlich versperrte; der Ton wurde sofort wieder hörbar, wenn ich das Papierblatt entfernte. Die sieben Zellen hatten aber bereits eine beträchtliche Oberfläche, eine viel größere, als die Bildelemente haben durften, und ihre Wirkung war noch immer nur mit dem phonischen Versuche bei sehr starken Lichtänderungen nachweisbar; mit dem Milliamperemeter aber verursachten sie keinen wahrnehmbaren Ausschlag. Das war auch natürlich, denn das empfindlichste elektrische Registrierinstrument, mittels dessen man Stromimpulse nachweisen kann, ist unzweifelhaft das Telephon, welches ein hochempfindliches Milliamperemeter weit übertrifft. Mit dem Telephon waren also die Widerstandsänderungen der Selenzelle wahrnehmbar, während mit dem Milliamperemeter dieselben noch nicht nachweisbar waren. Ebenso bewegten sich auch die Fäden der übrigens sehr empfindlichen Saitengalvanometer nicht, welche ich bei meiner Konstruktion als Relais benutzen wollte. Von der Annahme ausgehend, daß die Telephonmembrane unbedingt vibriert, wenn sie die schnellen Widerstandsänderungen registriert, daß sie sich also bewegt, versuchte ich, diese Bewegungen auf verschiedenste Weise sichtbar zu machen.

c) Benutzung einer spiegelnden Membrane.

Mein erster Versuch war, daß ich die Memhrane spiegelnd machte und einen schiefen Lichtstrahl darauf fallen ließ, so daß dieser (siehe Fig. 32) auf einen Schirm zurückgeworfen wurde. Der Lichtstrahl selbst war auf die verschiedenen Punkte der Membrane einstellbar. Die Bewegung derselben ist eine wellenförmige Bewegung in konzentrischen Ringen, und man muß durch Einregulierung die Stelle der größten Amplitude aufsuchen.

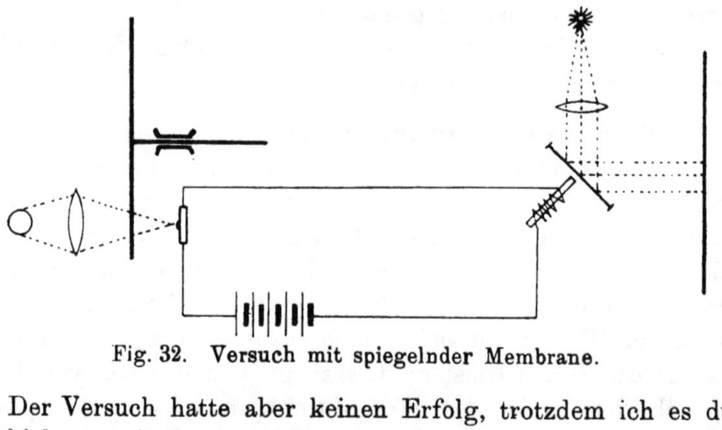

Fig. 32. Versuch mit spiegelnder Membrane.

Der Versuch hatte aber keinen Erfolg, trotzdem ich es durch Verschiebung mittels einer Mikrometerschraube versuchte, das Licht nacheinander an jedem Punkte der Membrane reflektieren zu lassen und ich den reflektierten Strahl in einer Entfernung von zwei Metern auf einem Schirm auffing.

Bei unserem zweiten Versuche haben wir Telephonmembrane, mit einem drehbaren Hebelarm versehen, verwendet (siehe Fig. 33), welcher Arm *a* mit der Spitze *b* an die Membrane *c* sich anlehnte, am anderen Ende aber den 1 mm großen Spiegel *d* trug. Der von dem Spiegelchen reflektierte Strahl *e* sollte die Drehungen des Spiegels sichtbar machen. Leider war das Resultat, trotzdem die Belastung der Membrane eine minimale war, indem der Hebelarm

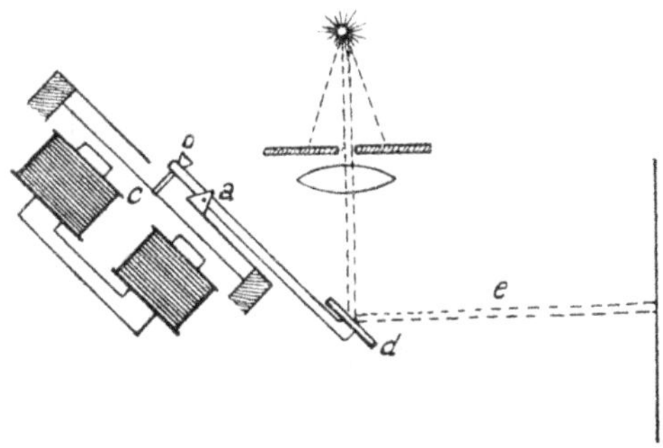

Fig. 33. Telephonmembrane mit Hebelanordnung und Spiegel.

mit dem Spiegelchen insgesamt nur ½ Gramm wog und um eine Schneide sich bewegte, negativ; es war keinerlei Ausschlag zu bemerken.

Ich gab noch immer die Hoffnung nicht auf, daß es gelingen sollte, die Schwingungen der Membrane registrieren zu können und ich verwendete am Telephon eine Einrichtung ähnlich jener, welche Martens zur Registrierung der Schallkurven benutzte, d. h. ich benutzte Uebersetzungsspiegelchen; Fig. 34 zeigt in Seiten- und Draufsicht die Einrichtung. Die Spiegelchen *a* und *b* waren mit ihren Flächen senkrecht zur Membrane mittels kleiner Aluminium-

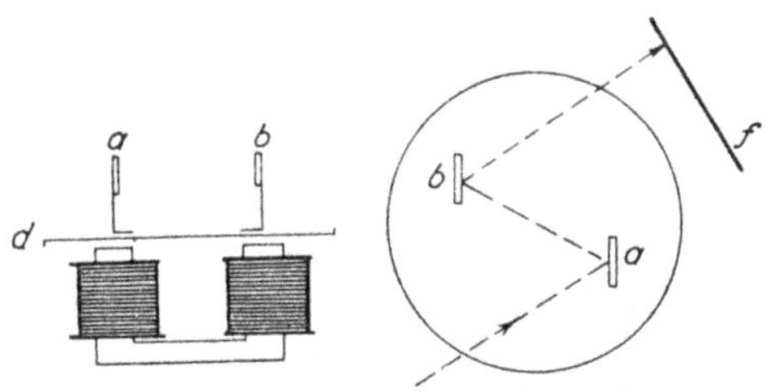

Fig. 34. Uebersetzungsspiegelanordnung.

arme derart befestigt, daß sie mit ihren spiegelnden Oberflächen sich einander zuwendeten. Der Lichtstrahl fällt schief auf das Spiegelchen *a*, wird von hier auf das Spiegelchen *b* reflektiert und gelangt auf den Schirm *f*. Wenn nun die Membrane eine Wellenbewegung vollführt, so werden die anfangs parallelen Spiegel verschiedene Winkel mit einander bilden und der Lichtstrahl wird eine vierfache

Winkeldrehung vollführen. Es ist unnötig zu betonen, daß bei der eben beschriebenen Einrichtung die Membrane die eines empfindlichen Telephons von großem Widerstande war. Trotzdem waren zur Registrierung der Widerstandsänderungen der Selenzelle die Schwingungen der Telephonmembrane selbst mittels dieser außerordentlich empfindlichen Methode nicht zu verwenden.

Die mit dem Selen bezw. der Selenzelle erlittenen Mißerfolge haben schließlich meine Versuche in die rechte Bahn geleitet.

Ich begann, bei den Grundelementen anfangend, mich mit dem Selen bezw. mit den Eigenschaften des Selens und der Selenzellen zu beschäftigen. Ich verschaffte mir die betreffende und erreichbare Literatur, führte versuchsweise die dort beschriebenen Anordnungen aus und, indem ich mir eine selbständige Meinung zu bilden versuchte, fing ich an, neue Richtungen zu erforschen.

Es wird nicht uninteressant sein, wenn ich in der Folge die Geschichte des Selens bezw. der Selenzellen kurz zusammenfasse und auch meine Versuchsergebnisse anschließe.

d) Das Selen in historischer Betrachtungsweise.*)

α) Eigenschaften des Selens.

Das Selen ist ein Element, das Berzelius im Jahre 1817 entdeckte. Sein chemisches Zeichen ist Se. Es weist viele verwandtschaftliche Eigenschaften mit dem Schwefel auf, mit welchem es oft gemeinsam vorkommt. Das Selen ist in mehreren Modifikationen bekannt: das amorphe Selen, welches schwarz oder rot sein kann, das rote kristallinische Selen und endlich die graue kristallinische Modifikation, von welcher nach der Gestalt der Kristalle verschiedene Abarten bekannt sind.

Obzwar das Selen in der Natur sehr oft, besonders in Begleitung von Metallen und dem Schwefel vorkommt, ist es doch stets nur in geringer Menge vorhanden. In größerer Quantität erhält man es bei der Schwefelsäurefabrikation im Niederschlag in den Bleikammern und zwar in seiner roten amorphen Modifikation.

Wenn man das rote amorphe Selen erwärmt, so schmilzt es und geht in seine graphitartig schimmernde schwarz-glasige amorphe Modifikation über. Wenn man das glasige amorphe Selen langsam erwärmt, so beginnt es bei 50 bis 60° C. weich zu werden und verwandelt sich bei 90 bis 120° in eine graue kristallinische Masse, welche je nach ihrer Reinheit 217,5 bis 219° C. schmilzt.

*) Siehe auch Seite 20ff.

Wenn die Abkühlung durch nichts gestört wird, verwandelt es sich wieder zum schwarzen glasigen Selen, welches man durch seine Zerstäubung in die rote amorphe Art verwandeln kann.

Wenn man aber das geschmolzene rote Selen während der Abkühlung einem Luftzuge aussetzt oder wenn man es reibt, so erhält man wieder seine graue kristallinische Form. Das schwarze amorphe Selen nimmt auch dann seine graue kristallinische Form an, wenn man es längere Zeit einer nahe an 200° C. reichenden Erwärmung aussetzt.

Von den verschiedenen Modifikationen des Selens interessiert uns am meisten die graue kristallinische Form, von welcher Hittorf im Jahre 1851 nachgewiesen hat, daß sie entgegen der amorphen und der roten kristallinischen Form die Elektrizität leitet. Es ist zwar wahr, daß die Leitfähigkeit selbst dieser Modifikation eine minimale ist. So beträgt der Widerstand eines Selenwürfels mit einer Seitenlänge von 1 mm 3—4.000.000 Ohm.

β) Die Entdeckung der Lichtempfindlichkeit des Selens durch May.

Wegen seines großen Widerstandes wollte es der englische Kabelingenieur Willoughby-Smith im Jahre 1873 bei seinen geplanten Kabelmessungen als Widerstand benutzen. Bei dieser Gelegenheit entdeckte May, ein Mitarbeiter von Smith, daß der elektrische Widerstand des grauen kristallinischen Selens von dessen Belichtung abhängt und zwar derart, daß es um so mehr seinen Widerstand verringert, mit umso stärkerem Lichte man es bestrahlt. Unter vorteilhaften Umständen kann sich sein Widerstand bis auf $^{1}/_{10}$ verringern.

Bei den ersten Beobachtungen bereitete der Umstand außerordentliche Schwierigkeiten, daß selbst bei den winzigsten Selenstückchen die Widerstandsänderungen sich bei einem Widerstande von mehreren Millionen Ohm abspielen. Um die praktische Handhabung zu steigern, war es notwendig, die Wirkung des hohen spezifischen Widerstandes durch einen großen Leitungsquerschnitt zu vermindern, was dann zur Erzeugung der „Selenzelle“ führte. Die Selenzelle ist also nichts anderes, als eine Einfassung des Selens, welche einen langen und einen schmalen Leitungsquerschnitt sichert.

γ) Die Konstruktion der ersten Selenzelle durch W. v. Siemens.

Die erste Zelle hat W. v. Siemens erzeugt. Ihre Form zeigt Fig. 35. Zwei parallel gewundene Platindrähte bilden auf einem

Isoliergrunde von einander isolierte Spiralen. Der Raum zwischen beiden wird mit Selen ausgefüllt und mit einer dünnen Glimmerscheibe bedeckt. Die so hergestellte Selenzelle wird dann drei Stunden lang in einem Paraffinbade bei 210° C. sensibilisiert und dann langsam auf Zimmertemperatur gebracht. Die so hergestellten Zellen sollen bei starker Belichtung ihren Widerstand bis auf 1/10 ihres Dunkelwiderstandes vermindern.

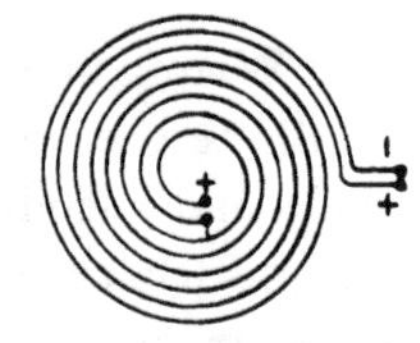

Fig. 35. Selenzelle von W. v. Siemens.

Die verschiedenen Forscher haben die auf eine kleine Oberfläche zusammengedrängten, sehr langen parallelen Elektroden in verschiedensten Ausführungsformen hergestellt. Es kann nicht unser Ziel sein, sämtliche einzeln aufzuzählen, darum werden wir nur die Haupttypen beschreiben.

δ) Die Selenzelle von Mercardier.

Die Selenzelle Mercadiers besteht dem Wesen nach aus zwei 0.1 mm dicken Kupferbändern, welche durch Pergamentstreifen von einander isoliert sind und von welchen beiläufig 5 Meter in der in Fig. 36 ersichtlichen Weise zusammengerollt werden, so daß die Bänder mit einander nirgends elektrisch verbunden sind. Die Rolle wird durch einen Rahmen zusammengehalten.

ε) Die Selenzelle von Weinhold.

Die Zelle Weinholds ist auf Fig. 37 dargestellt. Auf einem 4 bis 5 cm hohen, aus Isoliermaterial (Glas, Schiefer, Glimmer) hergestellten Zylinder von 2 cm Durchmesser ist in 1 mm Abstand von einander eine Doppelspirale eingeschnitten, in welche zwei von einander isolierte Platin- oder Messingdrähte aufgewunden sind, deren Enden einzeln fixiert sind.

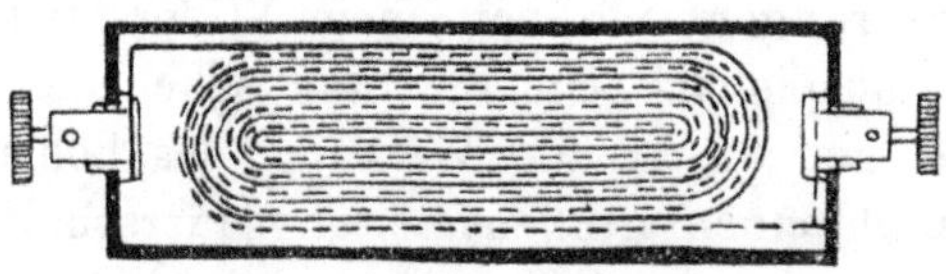

Fig. 36. Selenzelle von Mercadier.

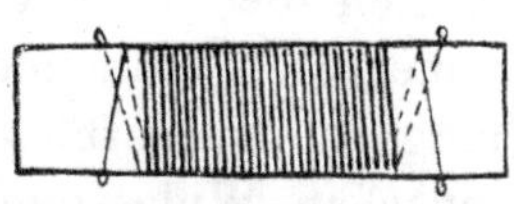

Fig. 37. Selenzelle von Weinhold.

Fast ganz identisch mit dieser Zelle ist die durch Ruhmer, später durch v. Bronk fabrizierte Selenzelle (siehe Fig. 38), welche aber in einer evakuierten Glasbirne eingeschlossen ist und an den Enden zum Herstellen des elektrischen Kontaktes mit einer Edison-Fassung versehen wird. Der Vorteil dieser Zelle den anderen gegenüber besteht darin, daß sie von den äußeren Verhältnissen, wie Feuchtigkeit usw. weniger abhängig ist.

ξ) Die Zelle von Bidwell.

Bidwell und andere haben die doppelten Drahtwindungen auf flachen oder gewölbten Täfelchen angebracht (Fig. 39). Das Material des Täfelchens ist auch hier ein solcher Isolierstoff, der die höhere Temperatur gut aushält (Ton, Glas, Schiefer, Glimmer). Das Aufwinden in gleichen Abständen wird auf verschiedene Art durchgeführt: Man graviert entweder in die obere und untere Kante des Täfelchens Einschnitte oder man windet auf einmal dicht nebeneinander vier Drähte auf, von denen man den ersten und dritten fixiert, die zwei mittleren aber, welche nur zum Herstellen des gleichmäßigen Abstandes benutzt wurden, wieder abwindet.

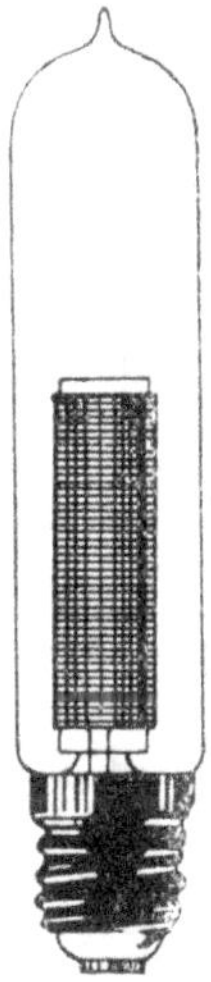

Fig. 38. Selenzelle von Ruhmer-Bronk.

η) Die Zelle von Bell.

Bell stellte eine Zelle dar, bei welcher in einer Metallplatte feine Bolzen dicht befestigt waren und über welche eine dicht durchlochte zweite Metallplatte derart isoliert befestigt wurde, daß jeder untere Bolzen in die Mitte je einer Oeffnung kam, jedoch die obere Platte nicht berührte, wobei das aufgetragene Selen den Zwischenraum zwischen Bolzen und Oeffnungswand ausfüllte. Bell hat auch zylindrische Bifilarzellen angefertigt, ja es wird sogar behauptet, daß die überhaupt erste Konstruktion von ihm stamme.

ϑ) Die Zelle von Liesegang und Rieß.

Liesegang und später Rieß haben gravierte Zellen hergestellt. Auf eine Isolierplatte wird eine dünne Platinschicht, sogen. Platinspiegel, aufgetragen, welche dann durch die in Fig. 40 dargestellte

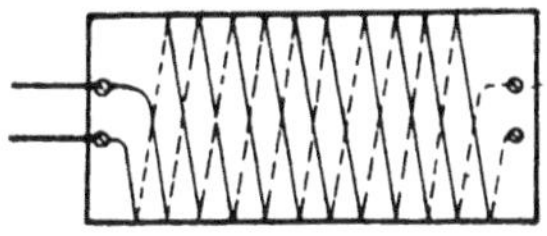

Fig. 39. Selenzelle v. Bidwell.

Fig. 40. Liesegang-Rießsche Selenzelle.

Form mittels eines Zick-Zack-Ritzes in zwei Teile geteilt wurde. Den Elektrodenzwischenraum bildet in diesem Falle der Ritz selbst. Liesegang hat das Selen auf der Unterlage in geschmolzenem

Zustand aufgetragen, während Rieß das eine bedeutend gleichmäßigere Schicht hervorrufende Ausfällen verwendete.

ı) Fehler der bisherigen Selenzellenkonstruktion.

Beim Herstellen der verschiedenen Zellenunterlage war — wie es aus obigem ersichtlich ist — das Hauptbestreben, eine möglichst einfache und sichere Methode zu finden, um bei tunlichst kleiner Oberfläche möglichst lange Spalte in gleichmäßigem Abstand zu erzielen und dennoch bei guter Isolation die parallelen Elektroden zusammenzudrängen, wobei die Entfernung der Elektroden möglichst klein sein soll.

Der gemeinsame Fehler der erwähnten Haupttypen ist in erster Reihe, daß alle eine zu große Oberfläche haben, was zwar bei jenen Zwecken, wozu sie hergestellt wurden, keine wesentliche Rolle spielte, aber sie für die Zwecke eines Fernsehapparates gänzlich ungeeignet machte, da ihre Oberfläche im Durchschnitt 20 cm^2 betrug. Wir haben schon oben auseinandergesetzt, daß die für einen Fernsehapparat inbetrachtkommende Selenzelle eine Oberfläche von höchstens einem Quadratmillimeter haben darf, also den zweitausendsten Teil der erwähnten Oberfläche, auf welcher Elektroden von 15 bis 20 mm Länge zusammengedrängt werden müssen. Demgegenüber fielen bei obigen Zellen auf ein Millimeter bei den bifilaren 1 bis 3, bei der Mercadier-Zelle 4, bei den gravierten zwei Elektroden. Wer sich mit der Herstellung von Selenzellen nicht beschäftigt hat, könnte leicht der Meinung sein, daß mittels einiger der obigen Methoden immerhin eine Zelle mit feinerer Teilung herzustellen wäre, wenn man nur die Dimensionen verringert. Leider widerlegt dies die Praxis.

Am meisten zusammendrängbar erscheint die gravierte Zelle, denn es ist ja allbekannt, daß man mittels Teilmaschinen z. B. der Jedlikschen Maschine auf einer Glasplatte ca. tausend Striche auf 1 Millimeter herstellen kann. Unzweifelhaft könnte man, wenn auch nicht 1000, so doch jedenfalls 10 bis 30 parallele Striche in der Längsrichtung eingravieren, aber die auf dieser senkrechten Verbindungslinie, welche $^1/_{10}$ bis $^1/_{30}$ mm lang wäre, könnte man nicht genau herstellen, ohne hierbei die einzelnen Aeste der Elektroden zu durchscheiden. Ein anderer Fehler der gravierten Zellen besteht darin, daß das Ritzen nur scheinbar einen gleichmäßigen Abstand gibt, wenn man aber die gewonnenen Kanäle im Mikroskop betrachtet, gewahrt man, daß deren Ränder einen zerfetzten ungleichförmigen Elektrodenzwischenraum bilden.

Es ist aber eine der wichtigsten Hauptforderungen, die man an die Selenzellenunterlage stellt, daß der Abstand der Elektroden genau parallel ist, d. h. daß der Stromweg überall der gleiche ist.

Dieser Forderung wegen ist auch die alte Mercadierzelle unverwendbar, da deren von Hand bewirkte Aufwicklung zu Ausbuchtungen Anlaß gibt.

Bei der speziellen Zelle von Bell macht die Ungenauigkeit der Bohrungen und die Deformierung der Stifte einen gleichmäßigen Elektrodenabstand illusorisch.

Bei den bifilar aufgewundenen Zellen, welche mittels in Windungen eingesetzter Drähte angefertigt werden, wobei die Drähte während des Aufwindens warm gespannt waren, erhält man hingegen einen ziemlich gleichmäßigen Elektrodenabstand, aber das Spannen setzt ziemlich dicke Drähte voraus, und auch die zur Bettung dienenden Rillen können eine gewisse Dichte nicht überschreiten.

Die mit vier Drähten bewickelten Zellenkörper könnten bedeutend feiner sein; diese geben aber beim Erhitzen, wenn man das Selen aufträgt und sensibilisiert, einen sehr ungleichförmigen Elektrodenabstand, da bei dem Erhitzen infolge der verschiedenen Ausdehnungscoeffizienten der Drähte und der Unterlage die Drähte lose werden.

ϰ) Richtige Herstellungsmethode der Selenschicht „Sensibilisieren".

Das Auftragen der Selenschicht der Zelle geschieht meistens in der Weise, daß man die Zellenunterlage über den Schmelzpunkt des Selens hinaus erwärmt und sie dann mittels eines in Stabform gebrachten amorphen Selenstückes einreibt, wobei man darauf achtet, daß die Schicht überall gleichmäßig ist.

Man darf aber die Unterlage nicht viel höher als bis zum Schmelzpunkt erwärmen, denn sonst läuft das schon aufgetragene Selen in Tröpfchen zusammen und verdunstet.

Den Erwärmungsgrad kann man am besten dadurch kontrollieren, daß man mit dem Selenstab fortwährend versucht, ob die warme Elektrode das Selen schon schmelzen läßt. Sobald dies eingetreten ist, muß man die Oberfläche rasch einreiben, wobei man darauf achtet, daß inzwischen die Schicht keinem Luftzug oder beim Abkühlen keinem Druck ausgesetzt ist, da sonst das Selen in eine schlecht empfindliche und schwer weiter sensibilierbare graue kristallinische Modifikation übergeht. Wenn man daher bemerkt, daß beim Einreiben mittels des Stäbchens eine lichtgraue Spur sich bildet, muß man das Aufstreichen beenden und die Zelle in ein schon auf 180° bis 210° C. vorgewärmtes Paraffin- oder Luftbad bringen, damit die Schicht dort in eine lichtempfindliche graue kristallinische Form übergeht. Dies nennt man das „Sensibilisieren".

Bezüglich der günstigsten lichtempfindlichsten Sensibilisierungstemperatur und der Sensibilisierungszeit der Methode der Abkühlung geben die einzelnen Forscher sehr verschiedene Daten an:

Bidwell erwärmt das Präparat in einem Luftbade langsam bis auf 210° C., dann hält er dasselbe eine Stunde lang auf dieser Temperatur, schließlich läßt er es langsam auf Zimmertemperatur abkühlen.

Pfund hält die Selenzelle im ganzen 5 Minuten lang in einem 180° C. warmen Luftbade und läßt sie dann langsam abkühlen.

Demgegenüber empfiehlt Ries ein 5 Stunden langes Erwärmen auf 190° C., das er inzwischen langsam auf 200° zu erhöhen empfiehlt. Das langsamere Abkühlen wird auch von ihm vorgeschrieben.

Wenn man die Selenzelle rasch abkühlen läßt, so vermindert sich deren Widerstand beträchtlich, aber damit vermindert sich auch deren Lichtempfindlichkeit, d. h. die durch das Licht hervorgerufenen Widerstandsänderungen werden kleiner.

Mit Rücksicht darauf, daß das Selen stark hygroskopisch ist, empfiehlt es sich, jene Zellen, die nicht in ein luftdichtes Glasgefäß eingeschlossen werden, noch vor der gänzlichen Abkühlung mit einer farblosen durchsichtigen Lackschicht zu überziehen, um sie so vor Feuchtigkeit zu schützen.

Durch die bei der Sensibilisierung angewandten Temperaturen, Methode und Zeitdauer der Erwärmung und des Abkühlens kann man Selenzellen mit verschiedenen Eigenschaften gewinnen. In der Folge versuchen wir die Eigenschaften der Selenzellen zu erörtern und den Zusammenhang dieser Eigenschaften mit der Empfindlichkeit der Zellen aufzuklären.

λ) Verhalten der Selenzellen. Dunkelwiderstand. Belichtungswiderstand. Trägheit der Zelle. Harte und weiche Zellen. Ermüdung.

Wenn man den Widerstand einer Anzahl Selenzellen von normaler Größe (im Durchschnitt 20 cm²) so bestimmt, daß kein Licht an die Zellen gelangt, so findet man, daß dieser sogenannte „Dunkelwiderstand" der Zellen von 30.000 Ohm bis 3—4.000.000 Ohm in den verschiedensten Abstufungen variiert. Es gibt selbst zwischen ganz gleich hergestellten Zellen hohe Unterschiede. Die

Abweichungen erklären sich durch jene mikroskopischen Unterschiede, welche die Elektrodenabstände der einzelnen Zellen, die Dicke und Fläche der Selenschicht aufweisen, durch den Wasser- oder Verunreinigungsgehalt des amorphen Selens, ferner durch die verschiedenen Temperaturänderungen während der Sensibilisierung (bessere Abkühlung etc.).

Wenn man die Zellen nachher belichtet, so findet man, daß der Zeiger des Instrumentes zuerst schnell, dann langsamer ausschlägt, bis er, bei einem gewissen Punkt stehen bleibend, einen kleineren Widerstand anzeigt, den man den „Belichtungswiderstand" der Zelle nennt. Der Belichtungswiderstand ist bei einer guten Zelle durchschnittlich die Hälfte des Dunkelwiderstandes, wenn man die Zelle dem diffusen Zimmerlicht aussetzt. Das Verhältnis zwischen dem Dunkel- und dem Belichtungswiderstande wird die „Lichtempfindlichkeit" der Zelle genannt. Eine Maßeinheit für die Lichtempfindlichkeit ist bisher noch nicht vereinbart und die einzelnen Forscher beziehen die Lichtempfindlichkeit der Zellen auf die verschieden starken Lichtwirkungen. Der eine bezeichnet den Belichtungswiderstand bei der unmittelbaren Belichtung mit einer 16kerzigen Glühlampe, der andere bei diffusem Zimmerlicht, der dritte bei konzentriertem Sonnenlicht und man hat ihn auch bei Belichtung mit einer Normalkerze bestimmt.

Die bisherigen Erfahrungen lehren, daß bei gleichen Zellen der Anfangs- oder Dunkelwiderstand umso kleiner ist, je dicker die Selenschicht, je näher zum Schmelzpunkt die Sensibilisierung erfolgte und je länger sie dauerte. Die Lichtempfindlichkeit hingegen, also das Verhältnis, um wieviel sich der Widerstand prozentuell bei der Belichtung ändert, steht schon in einem viel komplizierteren Verhältnis zu diesen Faktoren. Je dicker die Selenschicht, umso kleiner wird auch der Belichtungswiderstand der Zelle, aber bei einem gewissen Grade vermindert sich allmählich die Lichtempfindlichkeit. Die lange (3 bis 4 Stunden) währende Sensibilisierung bei beiläufig 200^0 C., nach welcher eine langsame Abkühlung folgt, gibt allgemein konstante, sehr lichtempfindliche Zellen. Wenn man die Zelle nach der Sensibilisierung rasch abkühlt, ist die Lichtempfindlichkeit anfangs viel größer, doch wird dieselbe rascher kleiner als diejenige der langsam abgekühlten Zellen. Man darf aber nicht glauben, daß man mittels sehr langer Sensibilisierung den Dunkelwiderstand und die Lichtempfindlichkeit unbegrenzt verändern kann, denn eine Sensibilisierung von länger als 6 bis 7 Stunden verursacht keine Besserung, ja während meiner Versuche habe ich sogar bemerkt, daß bei übermäßig lange sensibilisierten und künstlich langsam abgekühlten Zellen die Lichtempfindlichkeit in einigen Tagen sehr nachließ. Man kann zu guten lichtempfindlichen Zellen von mittlerem Widerstande (100.000 Ohm) gelangen, wenn man die Zelle bei 200° C. drei Stunden lang erwärmt, sodann langsam (während einer halben Stunde) auf die Zimmertemperatur abkühlen läßt, wobei man Sorge trägt, daß noch vor der gänzlichen Abkühlung die Zelle entweder in einen hermetisch verschlossenen Raum gebracht (luftdichte Glasglocke oder durchsichtige Oelschicht), oder mit einem farblosen Lack überzogen wird (Zaponlack).

Wenn man bei einer so hergestellten Selenzelle den Verlauf der Widerstandsänderungen bei der Belichtung und Verdunklung genau untersucht, so findet man, daß die Widerstandsänderungen den Lichtänderungen nicht momentan folgen, sondern gegen diese eine gewisse Nacheilung aufweisen.

Fig. 41 zeigt graphisch den Verlauf der Widerstandsänderungen einer normalen Zelle, wenn die Zelle durch eine 16-kerzige Glühlampe aus der Entfernung von 30 cm während 5 Minuten gleichmäßig belichtet war und ferner, als die Zelle ihren kleinsten Widerstand erreicht hatte, also der Zeiger des Instrumentes

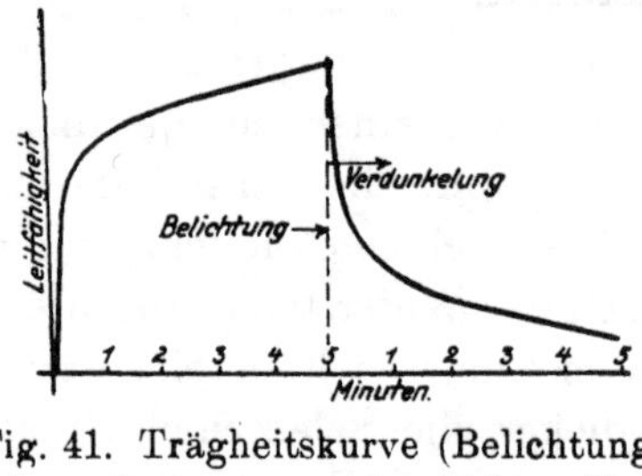

Fig. 41. Trägheitskurve (Belichtungskurve) einer normalen Selenzelle.

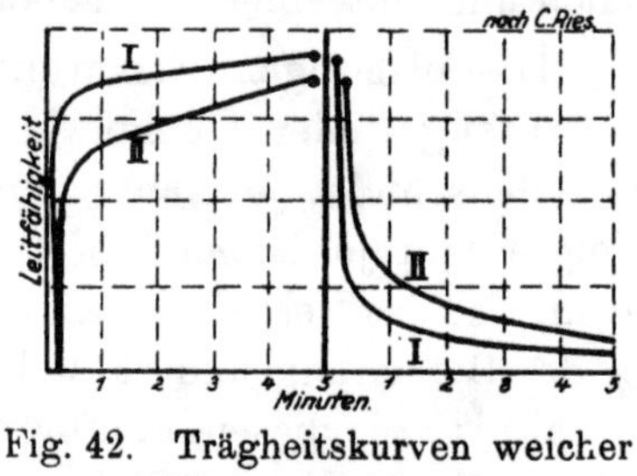

Fig. 42. Trägheitskurven weicher und harter Selenzellen.

sich nicht mehr bewegte, plötzlich ganz verdunkelt wurde. Wie man sieht, vergrößert sich die Leistungsfähigkeit der Zelle (d. h. der Widerstand vermindert sich) zuerst plötzlich, dann langsam sich umbiegend erreicht sie einen konstanten Wert. Jetzt trat die Verdunklung ein, während welcher die Zelle zuerst rasch, dann langsamer ihre Leitfähigkeit verlor; die charakteristische Kurve nähert sich mit sehr kleiner Biegung asymtotisch dem ursprünglichen Werte des Dunkelwiderstandes. Diese Erscheinung, daß nämlich die Zelle nur mit einer gewissen Verspätung den sie treffenden

Lichtänderungen zu folgen vermag, nennt man die „Trägheit“ der Zelle, und man unterscheidet daran zweierlei: die Belichtungsträgheit und die Verdunklungsträgheit. Aus der Figur ist ersichtlich, daß die Verdunklungsträgheit größer ist, denn während die Zelle bei der Belichtung den Höchstwert der Leitfähigkeit in 3 bis 5 Minuten erreicht, gewinnt sie den ursprünglichen Wert des Dunkelwiderstandes erst nach beträchtlich längerer Zeit wieder. Bei einer guten Zelle macht auch dies nur 15 bis 20 Minuten aus, aber es gibt auch Zellen, die erst nach Tagen den Anfangswert erreichen.

Wenn man die charakteristischen Trägheitskurven mehrerer Zellen miteinander vergleicht, so gewahrt man die großen Unterschiede. Die Kurve I der Fig. 42, welche den Lichtänderungen schneller (genauer) folgt, ist die Trägheitskurve einer sogenannten „weichen“ Zelle, welche langsam bei hoher Temperatur sensibilisiert und dann langsam abgekühlt wurde. Die Kurve II ist das Charakteristikum der Trägheit einer „harten“ Zelle, welche bei niederer Temperatur (130° C.) sensibilisiert und dann rasch abgekühlt wurde. Wenn man die Zelle nahe an ihrem Schmelzpunkt, also beiläufig 215° C., lange erwärmt und sehr langsam abkühlt, lernen wir eine neue Eigenschaft der Zelle, die „Ermüdung“ kennen. Die Trägheitskurve einer ermüdenden Zelle zeigt Fig. 43. Wie man sieht, steigt die Kurve bei gleichmäßiger starker Belichtung zuerst sehr steil an, dann, statt allmählich steigend sich dem Höchstwerte zu nähern, sinkt zuerst die Leitfähigkeit und dann verläuft die Kurve fast parallel zur x-Achse. Eine solche Zelle eignet sich, wie wir dies sehen werden, besonders zur Registrierung schwacher, aber mit großer Frequenz stattfindender Lichtänderungen.

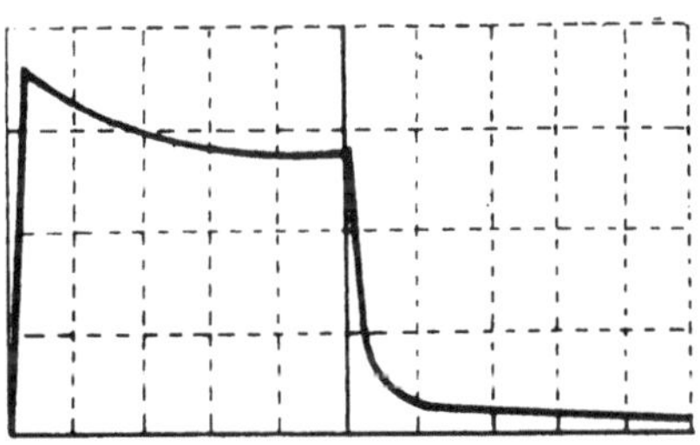

Fig. 43. Ermüdungskurve der Selenzelle (nach Ries).

μ) Annahmen und Erklärungsversuche über die Trägheit und Lichtempfindlichkeit der Selenzelle: Wärmeausdehnungshypothese.

Ueber den Grund der Trägheit haben wir ebenso wie über die Lichtempfindlichkeit des Selens nur Annahmen; die endgültige Klärung fehlt bisher. Trotzdem ist es interessant, einige dieser Hypothesen zu besprechen, denn obzwar sie keine befriedigenden

Erklärungen geben, kann man doch einige praktische Maßregeln aus ihnen folgern.

Moser erklärt die Lichtempfindlichkeit des Selens damit, daß zwischen dem Selen und den Elektroden nur eine lose Verbindung besteht; das Selen dehnt sich angeblich bei der Absorption der sichtbaren Strahlen aus und erzeugt hierdurch einen besseren Kontakt mit den Elektroden.

Bidwell, von der Tatsache ausgehend, daß die Lichtempfindlichkeit des Selens durch Zugabe von z. B. 0.5 Prozent Silber oder anderen Metalles vermehrt und die Trägheit vermindert wird, folgert daraus, daß die Leitfähigkeit des Selens durch die jedenfalls vorhandenen verunreinigenden Metallteilchen (Seleniden) verursacht wird, welche unter der Einwirkung des Lichtes sich bilden.

Nach Siemens ist das graue kristallinische Selen eine feste Lösung der gut leitenden metallischen und einer schlecht leitenden Modifikation, deren gegenseitiges Mengenverhältnis infolge Einwirkung des Lichtes sich verändert.

Korda sieht in der Lichtempfindlichkeit eine photoelektrische Erscheinung, ähnlich der, welche bei den Schwefelkristallen nachweisbar war.

Nach Weigel stammt die Lichtempfindlichkeit des Selens von den absorbierten und in gewissen Mengen immer vorhandenen Wasserteilchen, die unter der Einwirkung des Lichtes ihre Leitfähigkeit verändern. Er folgerte daraus, daß wenn man eine Zelle in ein Phosphorpentoxyd enthaltendes Glasgefäß bringt, die Zelle ihre Lichtempfindlichkeit gänzlich verliert. Demgegenüber kann darauf verwiesen werden, daß es eine unzählige Male bewiesene Tatsache ist, daß unter dem Einflusse der Feuchtigkeit die Zelle ihre Lichtempfindlichkeit einbüßt.

Nach Pfund und Ries ist die Leitung im Selen seinem Charakter nach elektronisch. Das Licht ruft bei seiner Absorption Resonanz in den Atomen hervor. Diese Resonanz macht Elektronen frei und vermehrt dadurch die Zahl der zur Leitung des Stromes verfügbaren Elektronen, somit auch die Leitfähigkeit.

Außer diesen Erklärungen gibt es noch eine Reihe anderer Annahmen, die den obigen ähnlich sind, aber bisher wurde keine derselben bewiesen und, wie man für jede derselben stützende Beweise vorbringen kann, kann man ebenso auch gegen jede Einwendungen erheben.

Ich selbst ging bei meinen Versuchen mit dem Selen von einer Hypothese aus, welche am ähnlichsten der Moser'schen Annahme ist, und welche, obwohl sie schon oft von vielerlei Seiten verneint wurde, dennoch die meiste Wahrscheinlichkeit besitzt und die meisten praktisch verwertbaren Resultate ergibt. Ich verwandte bei den Sensibilisierungen neben den einzelnen Zellen Begleitpräparate, welche nach den verschiedenartig ausgeführten Sensibilisierungen immer mikroskopisch untersucht wurden. Das Resultat war, daß die größere Lichtempfindlichkeit immer jene Zellen zeigten, bei welchen man in größerer Zahl die Nadelkristalle feststellen konnte (Fig. 44). Aus dieser Tatsache kann man folgern, daß diese Nadelkristalle gemeinsam eigentlich einen losen Leiter bilden, welcher unter der Wirkung des Lichtes als Kohärer dient, oder infolge der durch Wärmewirkung hervorgerufenen Ausdehnung als Mikrophonkontakte wirken.

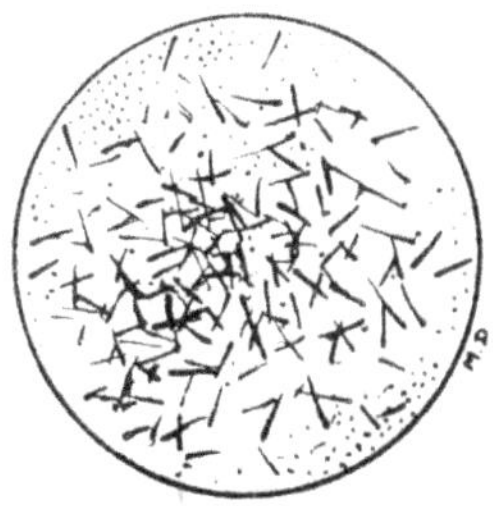

Fig. 44.
Selennadelkristalle mikroskopisch vergrößert.

Von dieser Annahme ausgehend stand eine doppelte Aufgabe vor mir, erstens jene Sensibilisierungsumstände zu erforschen, bei welchen die meisten Nadelkristalle sich bilden, zweitens den Zusammenhang zu finden, welcher zwischen dem Verhalten der Nadelkristalle und den Eigenschaften der Zelle besteht.

Die erste Aufgabe war leicht zu lösen: Ich ließ einen automatisch regulierbaren Thermostat anfertigen, in welchem die Sensibilisierung von Präparaten unter mikroskopischer Beobachtung von statten ging. Das Resultat war bald erlangt. Die Nadelkristalle bildeten sich am günstigsten bei solchen Präparaten, welche vor ihrer Sensibilisierung vollkommen amorph und sich in möglichst gleichmäßigen, fein verteilten Tröpfchen auf dem Glas niederschlagen. Wenn man das Präparat bis in die unmittelbare Nähe des Schmelzpunktes bringt und es dort einige Minuten lang hält, alsdann plötzlich auf 190° C. abkühlt und nach zwei Stunden langer Erwärmung auf Zimmertemperatur derart bringt, daß bei 130° C. die Abkühlung rasch vor sich geht, so bilden sich die Nadelkristalle in großer Anzahl. Die Größe der Kristalle hängt von der Zeitdauer ab, während welcher das Präparat unmittelbar unter der Schmelztemperatur gehalten wurde. Nach Erhalten dieses interessanten Ergebnisses hat die mikroskopische Untersuchung auch einen interessanten Beweis zur Stützung der Hypothese gegeben: nämlich je größer die Nadelkristalle sind, umso kleiner ist der Widerstand der Zelle und umso größer ist deren Trägheit. Hingegen je kleiner die Kristalle, umso größer der Widerstand und umso kleiner die Trägheit der Zelle, was ganz mit der Annahme übereinstimmt, daß dabei von mechanischen Bewegungen der Kristalle die Rede ist, wo also die losen Kontakte kleinerer Anzahl einen kleineren Widerstand, aber die zugleich größeren Kristalle langsame Bewegungen verursachen und umgekehrt. Uebrigens ist die Tatsache, daß die Zellen mit größerem Widerstand lichtempfindlicher und weniger träge sind, von sämtlichen Forschern und ihren praktischen Erfahrungen bestätigt worden. Selbstverständlich ist auch hier die Zunahme der Trägheit mit der Schichtdicke dadurch zu erklären, daß das Eindringen des Lichtes allmählich, evtl. durch Vermittlung geschieht.

Die Einwendung, welche man gegen diese Wärmeausdehnungshypothese stellen kann, daß nämlich die Selenzelle entgegen dem Verhalten der Zellen aus Ruß auch dann noch funktioniert, wenn man einen intermittierenden Lichtstrahl durch eine Alaunlösung auf sie fallen läßt, hat keinen absoluten Wert. Es ist zwar eine Tatsache, daß die Zellen auch dann noch arbeiten, aber einerseits ist die absolute Undurchlässigkeit der Alaunlösung nicht zu beweisen, andererseits ist es fraglich, ob nicht in der Schicht selbst eine Veränderung der Lichtschwingungen stattfindet.

Andererseits wieder übertreffen die auf Grund dieser Hypothese hergestellten Zellen in jeder Hinsicht bedeutend sämtliche bisherigen Zellen.

Von den obenerwähnten Ausnahmen ausgehend, mußte ich, einerseits um der Sensibilisierungstemperatur genauer folgen zu können, andererseits um die Reaktions-Temperaturänderungen zu

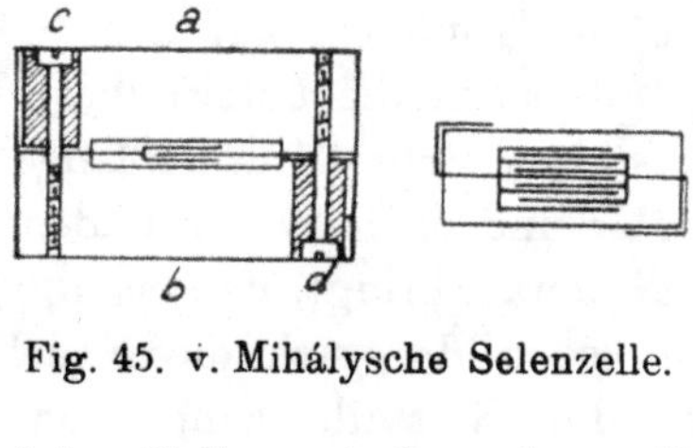

Fig. 45. v. Mihálysche Selenzelle.

erleichtern, eine solche Zellenunterlage herstellen, deren Wärmekapazität minimal ist. Der Zellenkörper (siehe Fig. 45) besteht aus zwei Kupferbacken *a* und *b*, welche durch die zwei isolierten Schrauben *c* und *d* gegeneinander gepreßt werden. In den durch die Backen gebildeten und in Wirklichkeit 1 mm breiten Spalt sind 12 Paar (24 Stück) einzelne 0.03 mm dicke Platin- oder Stahlplättchen als Elektroden eingesetzt, von welchen 12 mit einer Backe, 12 mit der anderen Backe metallisch verbunden, voneinander aber durch Glimmer isoliert sind. Die negativen und positiven Elektroden dringen kammartig 1 mm tief ineinander, hierdurch eine Elektrodenfläche von 1 mm^2 bildend. Es muß hier betont werden, daß das Zusammendrängen der 24 Elektroden auf diesen Raum nur bei besonderer Sorgfalt mit entsprechenden Kunstgriffen mit unter hohem Drucke gleichmäßig gespaltenen Glimmerplättchen isoliert möglich ist und schon vor der Zusammenstellung eingeschliffen, da sonst beim Schleifen zwischen den Backen an den Kanten der Elektroden Fäden entstehen, welche die Elektroden kurzschließen.

e) Selenzellenprüfung.

Nachdem ich den so erhaltenen Zellengrund mit einer nach obigem Verfahren lichtempfindlich gemachten Selenschicht versehen hatte, habe ich folgende Ergebnisse erhalten und zwar einesteils beim k. und k. technischen Militärkomitee, andernteils in der Versuchsstation der Kgl. ung. Post und dann durch die auf dem Kgl. ung. „Josef-Polytechnikum“ vollführten Messungen von Herrn Professor Dr. Karl Tangl:

Die Selenzellen hatten eine Oberfläche von 1 mm^2. Ihr Dunkelwiderstand war fast immer genau 250 000 Ohm, welcher bei diffusem Tageslicht auf 50% seines Wertes fiel. Die zum Betriebe notwendige Spannung lieferte eine 50-voltige Trockenelementbatterie.

Zuerst wurde der sogenannte phonische Versuch durchgeführt, bei welchem die, mit einem 1000-ohmigen Telephon und der Batterie in Reihe geschaltete Zelle hinter einer, mit 100 Löchern versehenen und elektromotorisch gedrehten Scheibe aufgestellt wurde. Die ganze Anordnung wurde mit dem Rücken gegen das Fenster gekehrt, und vor die Scheibe ein weißer Schirm gestellt, welcher das, durch das Fenster einfallende Licht (aber kein Sonnenlicht) reflektierte. Wenn man die Zelle einschaltete und den Elektromotor in Bewegung setzte, konnte man ein starkes Summen wahrnehmen, selbst dann, wenn die sekundlichen Lichtänderungen die Zahl 1000 überschritten. Der Versuch wurde 8 Stunden lang, ohne Unterbrechung, ausgedehnt, ohne daß der Ton sich wahrnehmbar geschwächt hätte. Durch dieses Ergebnis ermuntert, benutzten wir beim zweiten Versuch zur Registrierung einen Siemens'schen Oszillographen statt des Telephons, wobei die sekundlichen 1000 Lichtänderungen des Halbschattens und der diffusen Zimmerbeleuchtung Ausschläge von 7 Millimeter verursachten.

Die Versuche wurden während 4 Tagen je eine Stunde lang wiederholt, ohne einen bemerkbaren Unterschied zu ergeben. Die Widerstandsänderungen der Zelle wurden bei langsamen Lichtänderungen beobachtet, ohne eine Trägheit der Zelle wahrnehmen zu können. Die Kurve zeigte eine minimale Ermüdung, wenn zur Belichtung eine Bogenlampe von 25 Ampere benutzt wurde. Der Höchstwert wurde 0.002 Sekunden nach der Belichtung erhalten, und beim Verdunkeln gewann die Zelle ihren ursprünglichen

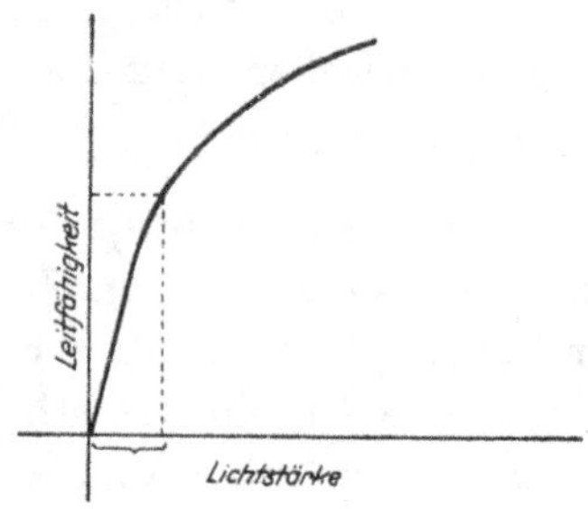

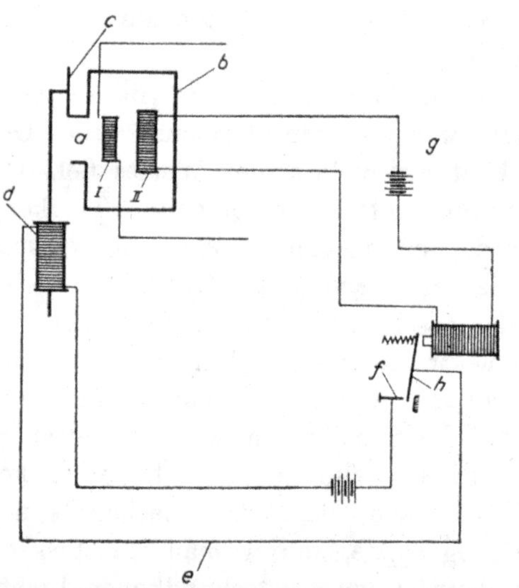

Fig. 46. Automatische Zellenschutzvorrichtung von v. Mihály.

Widerstand in 0.019 Sekunden zurück. Dem Sonnenlicht ausgesetzt, oder, falls die Bogenlampe näher als 2 Meter war, schlug die Zelle durch, und sie war entweder kurz geschlossen, oder sie zeigte nachher anormales Betragen. Derselbe Fehler stellte sich ein, wenn die Zelle im Zimmer 1 Stunde lang unbedeckt herumlag. Um die feine Zelle vor der Ueberlichtung zu wahren, habe ich einen Behälter konstruiert, in welchen die Zelle eingesetzt wurde und auf welchen eine, mit einem Relais versehene minderempfindliche v. Bronk'sche Zelle derart montiert wurde, daß bei einer gewissen Lichtintensität oder nach einer gewissen Zeit der Behälter und die Zelle abgeschlossen wurde (Fig. 46) etc.

Indem wir durch diese Anordnung dem schnellen Zugrundegehen der Zellen vorbeugten, konnten wir mit den Zellen längere Beobachtungen anstellen, welche uns jedesmal davon überzeugten, daß die obigen Versuchszellen noch weit entfernt waren von jenen Leistungen, welche man von der Zelle erwarten kann, und dies ermunterte mich zu einem neuen, jetzt schon systematischeren Fernsehversuch. Ich muß hier bemerken, daß von den Zellen jene, die gelungen sind (im Durchschnitt 50%), alle fast gleiche Daten aufwiesen und sich als außerordentlich konstant erwiesen, aber sie waren gleichzeitig mechanisch sehr empfindlich. So zwar, daß abgesehen von einigen seltenen Fällen, es kaum vorkam, daß eine Zelle langsam zugrunde ging, aber sie bekamen nach 4 bis 6wöchiger Benutzung plötzlich Kurzschluß, ohne daß sich ihr Widerstand vorher verändert hätte.

Um die Widerstandsänderungen der Zelle beobachten und sie entsprechend registrieren zu können, haben wir die verschiedensten Versuche angestellt, z. B. war die Widerstandsänderung der Zelle mit dem Oszillographen selbst dann noch nachweisbar, als wir am 8. Dezember um 3/4 4 Uhr nachmittags bei dem sehr schwach ins Laboratorium einfallenden Dämmerlicht das mittels eines weißen Schirmes reflektierte Licht in der Sekunde 2000mal unterbrachen.

Zur Registrierung von größeren, 4000 in der Sekunde übersteigenden Frequenzen stand uns damals noch kein Oszillograph

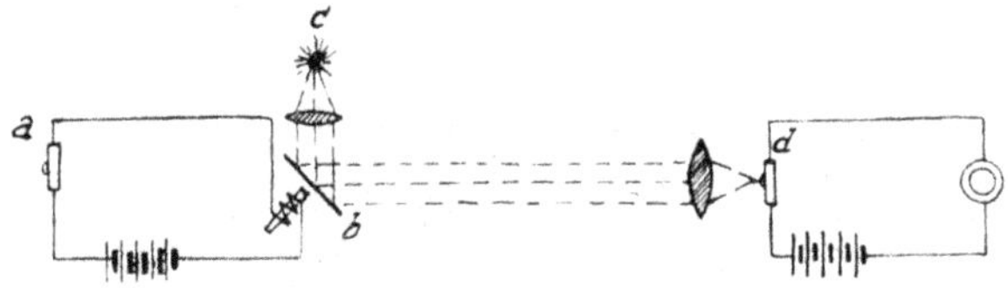

Fig. 47. Selenzellenprüfanordnung.

zur Verfügung, und so kehrten wir wieder zur telephonischen Registrierung zurück. Eine interessante Anordnung zeigt Fig. 47. Die Oberfläche des mit der Selenzelle *a* verbundenen Telephons von 1000 Ohm Widerstand war spiegelnd gemacht, und das auf diese fallende Licht der Bogenlampe *c* wurde auf die im Nebenzimmer in 14 m Entfernung befindliche Selenzelle *d* reflektiert, welche wieder mit einem als Beobachter dienenden Telephon von 1000 Ohm Widerstand verbunden war. Wenn man die Zelle *a* mit intermittierendem diffusen Zimmerlicht belichtete, so war das dieser Frequenz entsprechende Summen in dem mit der Selenzelle *d* verbundenen Telephon noch klar wahrzunehmen. Eine andere Anordnung zeigt Fig. 48, wo die Zelle *a* durch ein mit einem

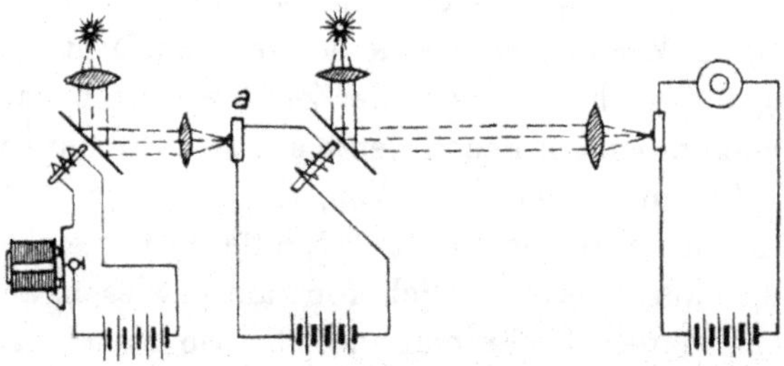

Fig. 48. **Prüfanordnung und lautsprechendes Lichttelephon.**

Summer betätigtes spiegelndes Telephon belichtet wurde. Die Tätigkeit des Summers war mit Hilfe einer weiteren Zelle stark und rein zu vernehmen. Ebenso diente diese Anordnung als ausgezeichnetes lautsprechendes Lichttelephon, wenn das erste spiegelnde Telephon ein lautsprechendes Telephon war und man dieses durch ein Mikrophon zum Sprechen brachte.

C) Zweites Fernseherprojekt von v. Mihály.

Diese mit der Zelle mehrfach durchführbare Lichtregistrierung gab mir den Mut, einen Fernsehapparat zu konstruieren, welcher auf der einen Station eine einzige Selenzelle, auf der anderen ein spiegelndes Registriertelephon hatte.

Die geplante Anordnung ist in Fig. 49 wiedergegeben. Das Objektiv *a* wirft das zu übertragende Bild auf die miteinander konzentrischen rotierenden Glaszylinder *b* und *c*, welche auf ihrer Oberfläche durch Versilbern oder auf andere Weise undurchsichtig gemacht worden waren. In der undurchsichtigen Schicht sind in regelmäßigen Abständen durchsichtige Spalten eingeritzt, wie das rechts in der Figur in Projektion zu sehen ist. Die innere Spiegelschicht hat 10 Spalten, welche einzeln 1 mm breit sind und von welchen jede einzelne während einer Zehntelsekunde der Bildoberfläche entlang läuft. Auf dem äußeren Zylinder sind hingegen schiefe Spalten in solcher Dichte eingeritzt, daß der Anfangspunkt des einen Spaltes mit dem Endpunkte des folgenden zusammenfällt. Die Drehung dieses Zylinders ist derart, daß während jeder Vorrückung um 1 mm der äußeren Zylinderplatte ein schiefer Spalt an diesem entlang läuft. Also während ein Spalt des äußeren Zylinders die Bildfläche abstreift, laufen 100 schiefe Spalten dieser entlang, wobei sie das Bild in kleine Rhombusse zerlegen. Bei der Aufgabevorrichtung mußte in der Mitte dieses Zylinders in der

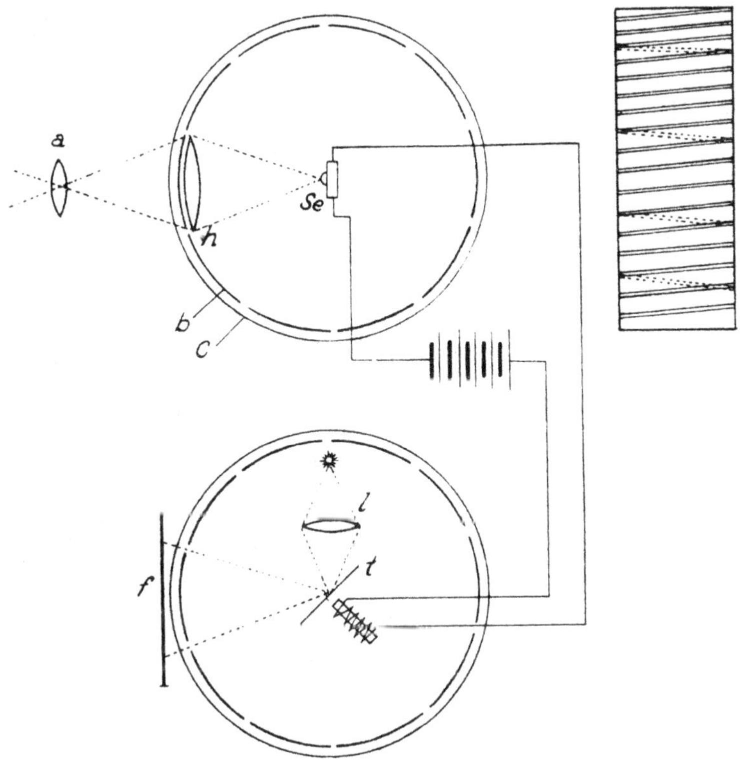

Fig. 49. Geplante zweite Fernsehvorrichtung von v. Mihály.

Bildebene eine Sammellinse angebracht sein, welche die an irgend einer Stelle durchgelassenen Bildelemente auf die in ihrem Brennpunkte befindliche Selenzelle werfen sollte, hierdurch in derselben die der Lichtintensität des Bildelementes entsprechende Widerstandsänderung hervorrufend. Die hierdurch hervorgebrachten Stromimpulse wären in das auf der Reproduktionsstation befindliche empfindliche Telephon *t* zu leiten gewesen, dessen Oberfläche mit einem Silberspiegel zu versehen war. Durch das Licht der Lampe und Linse *l* sollte ein Lichtquadrat beleuchtet und auf den

Schirm *f* durch einen ebensolchen zylinderförmigen Spaltzerleger reflektiert werden. Nachdem die Konvergenz der Lichttelephonmembrane und dadurch auch die Intensität der reflektierten Lichtstrahlflächeneinheit immer der auf die Selenzelle fallenden Lichtintensität zu entsprechen hätte, würde man auf dunklem Grunde mit hellen Flecken das Bild erhalten haben. Diese Vorrichtung, welche von den schon beschriebenen kaum eine Abweichung aufweist, ist deshalb von Interesse, weil ich mich damals zuerst mit der Frage der genauen Synchronisierung beim Fernsehapparat befaßte.

a) Forderung der Synchronisierungseinrichtung.

Ich muß hier bemerken, daß es mir schon damals klar war, daß die normalen Telephon- und Telegraphenleitungen für Uebertragung von diesen bei der Fernsehvorrichtung auftretenden Strömen mit einer Frequenz von 100.000 in der Sekunde kaum verwendbar sein würden und daß zu deren Beförderung nur eine mit ungedämpften Schwingungen arbeitende Radiostation sich eignen würde. Dieser Umstand war es, welcher bei der vollkommenen Synchronisierung der beiden Stationen die größten Schwierigkeiten bereitete. Es ist nämlich erforderlich, daß zwei Apparate mit einer bisher unbekannten Genauigkeit synchronisiert werden müssen, wobei selbst nur eine ein Synchronisierungszeichen befördernde Linie nicht zur Verfügung steht nnd wo als einzige Verbindung die elektrischen Wellen zur Beförderung der Bildelemente in Betracht kommen. Dagegen kommen bei beiden Apparaten sämtliche Umstände vor, wodurch die zwei Vorrichtungen asynchron werden können (gänzliche Trennung, lokale Temperatur usw., Aenderungen, verschiedener Anlaß, variable Reibungswiderstände der Vorrichtungen etc.).

Infolge dieser Ursachen konnte der von mir (und oft auch von anderen) ursprünglich aufgeworfene Synchronisierungsplan nicht Stand halten, nämlich der, daß der Betrieb der ganzen Vorrichtung auf zwei durch genau abgestimmte Stimmgabeln betriebene Räder nach P. La Cour ausgeführt werden soll, sondern es mußten wesentliche Aenderungen daran vorgenommen werden.

b) Phonisches Rad von La Cour.

Das phonische Rad von La Cour ist eine sehr einfache Vorrichtung: der eine Teil ist ein Stimmgabelunterbrecher (Fig. 50). Eine genau hergestellte Stimmgabel ist so vor den Polen *e* und *d* eines Elektromagneten angebracht, daß dessen zwei Pole die zwei Stimmgabelschenkel auseinanderziehen. Zwischen den zwei Schenkeln der Stimmgabel befindet sich ein Kontakt *c*, durch welchen der Strom zu den zwei Spulen des Elektromagneten gelangt. Wenn nun der Strom die zwei Spulen durchkreuzt, wird der Eisenkern zum Magneten, welcher nun die zwei Schenkel der Stimmgabelauseinanderzieht. Hierdurch wird aber deren Berührung mit dem Kontakt unterbrochen, wodurch seinerseits der Strom unterbrochen wird; der Magnet gibt die zwei Schenkel der Stimmgabel wieder frei, schaltet damit aber den Strom wieder ein usw. Die Stimmgabel wirkt also als Neef'scher Hammer mit gleichmäßigen Schwingungen. In diesem Falle gibt es aber noch eine charakteristische Eigenschaft, nämlich: daß der Unterbrecher immer mit einer, der Schwingungszahl der Stimmgabel genau entsprechenden Frequenz unterbricht, deshalb verwendet man schon seit langer Zeit solche Unterbrecher, wo man eine gleichmäßige, ständige Unterbrechungszahl benötigt. Der so erzielte unterbrochene Gleichstrom, oder der dadurch induzierte Wechselstrom (durch einen Transformator) ist sehr bequem zum Betriebe des La Cour'schen Rades zu verwenden. Dieses besteht aus einer innen hohlen Scheibe aus Holz, Kupfer oder Aluminium, oder einem anderen, nicht magnetisierbaren Stoffe, welcher zweckmäßig teilweise mit Quecksilber gefüllt ist und auf dessen äußerem Mantel in gleichen Abständen dünne Weicheisenstäbe oder Bänder befestigt sind. Wenn man die so verfertigte Trommel, mit Spitzenlagern versehen, in der unmittelbaren Nähe — mit einem Abstande von ungefähr $^1/_2$ mm — der Pole *e* eines Elektromagneten (Fig. 51) befestigt, in welchem Elektromagneten ein gleichmäßiger Wechselstrom oder intermittierender Gleichstrom fließt, wie z. B. ein solcher, wie er mit dem Stimmgabelunterbrecher erzeugt wird, und wenn man dann die Trommel mit solcher Geschwindigkeit sich zu drehen zwingt, daß die vor dem Magneten sich vorbeibewegenden Weicheisenstäbchen der Frequenz des Wechselstromes entsprechen, so gewahrt man, daß die Trommel in Phase kommt, d. i., daß sie nunmehr mit gleichmäßiger Geschwindigkeit sich drehend, der Frequenz folgt, welche durch den Stimmgabelunterbrecher in den Elektromagneten geschickt wird.

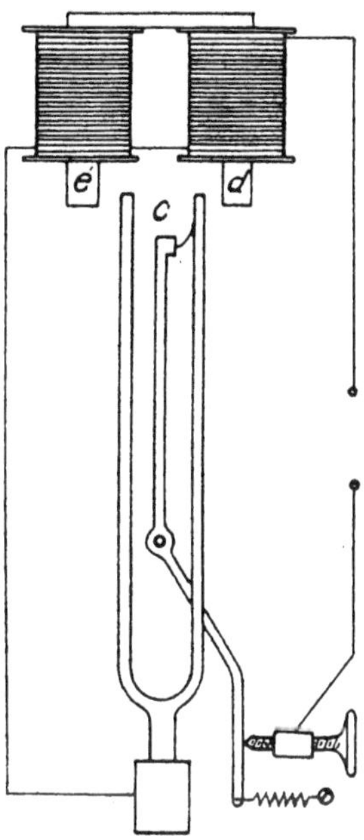

Fig. 50.
Stimmgabelunterbrecher.

Mit ähnlichen Anordnungen haben La Cour und Mercadier für die Schnell- und Multiplex-Telegraphie (zur Drehung synchroner Schalter) große Erfolge erzielt, aber bei dem Fernsehen wären noch immer zwei solche miteinander in Uebereinstimmung gebrachte La Cour'sche Apparate — selbst angenommen, daß die Synchronität der Stimmgabelunterbrecher absolut bleibt — zur Sicherung der genauen Zusammenarbeit der Apparate nicht genügend, denn selbst wenn man annimmt, daß die zentralen Antriebsvorrichtungen mit ganz genau derselben Drehungszahl rotieren, wird doch nicht erreicht, daß auch ihre Phase dieselbe ist oder bleibt.

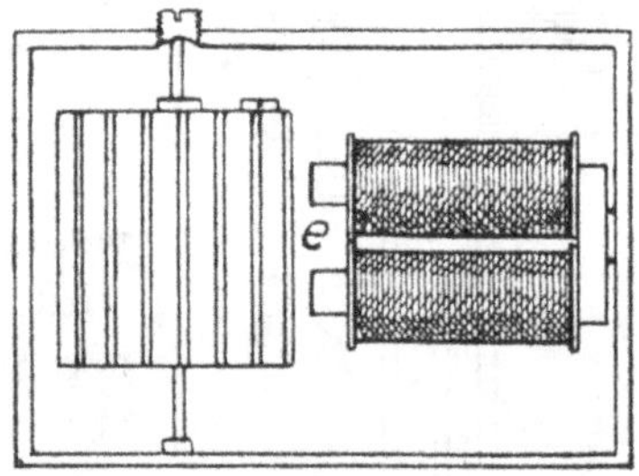

Fig. 51.
Phonisches Rad nach La Cour.

Die Korrektion der Phase wurde zuletzt durch ein sehr einfaches Verfahren gelöst (Fig. 52).

Auf der Aufgabestation dort, wo das zu übermittelnde Bild des Gegenstandes erscheint, wird eine durchsichtige Glasplatte *a* verwendet, an deren Rand z. B. 3 mit *x*, *y*, *z* bezeichnete, undurch-

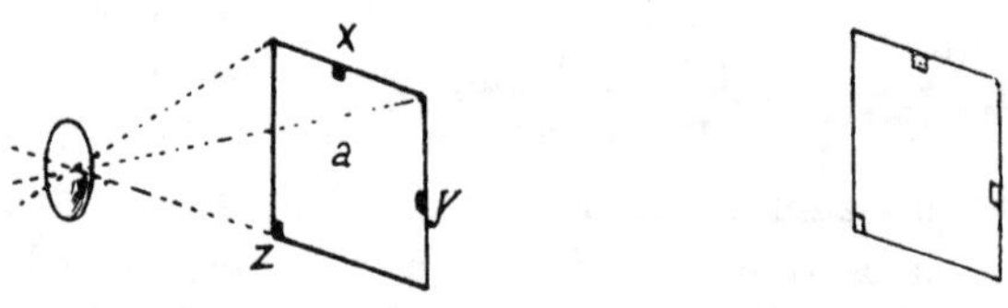

Fig. 52. Phasenkorrektionseinrichtung.

sichtige Flecke angebracht sind. Es ist nun klar, was für ein Bild auch durch die Vorrichtung aufgenommen wird, das Projizieren an diesen drei Stellen vereitelt wird, d. h. das Bild behält diese drei dunklen undurchsichtbaren Flecke auch bei seiner weiteren Projektion. Die Folge hiervon ist nun, daß das lichtwahrnehmende Organ, die Selenzelle, an diesen drei oder mehreren Punkten der Bildfläche und immer an denselben drei Stellen, kein Licht erhält, daher keine Stromschwankungen hervorruft. Diese Pausen werden sich natürlich in der Sekunde zehnmal, so oft nämlich die Vorrichtung die Bildelemente der Reihe nach aufnimmt, periodisch wiederholen. Im Reproduktionsapparat wird die Wirkung sich darin äußern, daß auf denselben Stellen der projizierten Bildfläche (angenommen, daß die Aufgabe- und Reproduktionsvorrichtungen sich synchron bewegen) dunkle Schatten — Lichtpausen — erscheinen.

Wenn man nun die genauen Stellen dieser drei Punkte auf dem Auffangeschirm der Reproduktionsvorrichtung bezeichnet, braucht man zur Wiederherstellung des Synchronismus nichts anderes zu tun, als durch eine Reguliervorrichtung für die Bremsung der Beschleunigung des Mechanismus so lange zu sorgen, bis die in regelmäßigen Abständen befindlichen, daher leicht erkennbaren Synchronisierungspunkte auf die bezeichneten Stellen fallen. Sobald die Punkte die bezeichneten Stellen decken, können wir sicher sein, daß die beiden Vorrichtungen synchron arbeiten.

Die Anbringung der hier beschriebenen Synchronisierungsvorrichtung bei dem Fernsehapparat zeigt schematisch Figur 53. Den Bildzerleger (bzw. -Vereiniger) hält je ein Elektromotor *a* durch die elektromagnetische Achsenkupplung *b* in Drehung. Diese besteht

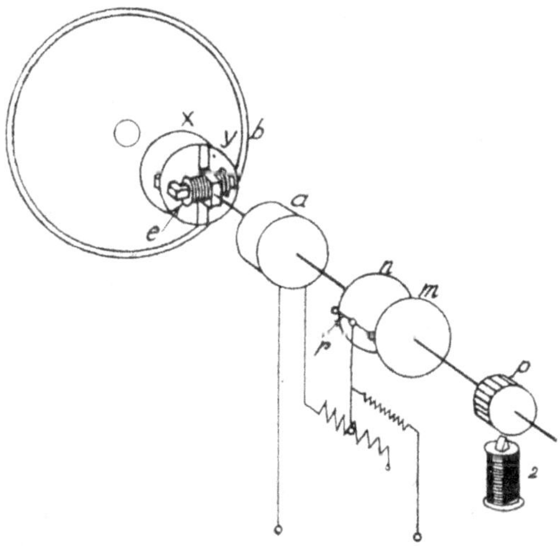

Fig. 53. Anbringung der Synchronisierungsvorrichtung am Fernsehapparat.

aus zwei einander parallelen Eisenscheiben *x* und *y*, deren eine auf der den Zerleger drehenden Achse, die andere auf der Elektromotorenachse befestigt ist. Die Scheibe *x* trägt den Elektromagneten *e*, dessen Pole durch sehr kleine Luftspalte von der Scheibe *y* getrennt sind. Je nachdem nun, wie stark der Strom ist, der durch den Elektromagneten *e* fließt, wird dieser die zwei Scheiben durch die zwischen beiden bestehende Anziehung enger oder loser kuppeln, d. h., man kann durch Regelung der Stärke der Magnetfeder die zwei Scheiben zur genauen Miteinanderdrehung zwingen, oder zur kleineren oder größeren „Schlüpfung" einstellen, einfach durch die Aenderung eines dem Magneten vorgeschalteten Widerstandes. Nachdem aber die Elektromotoren selbst in einem Synchronismus geringeren Grades nur sehr kurze Zeit bleiben würden, ist für eine grobe Synchronisierung schon von vornherein dadurch Sorge getragen, daß parallel zum Motor ein durch eine Stimmgabel betätigtes, phonisches La Cour'sches Rad *p* läuft, dessen Scheibe *m* mit der Scheibe *n* des Motors wieder parallel liegt. Die Verbindung zwischen diesen hält schematisch der Hebelarm *r* aufrecht, welcher seinerseits einen dem Motor vorgeschalteten Widerstand reguliert, falls die zwei Scheiben gegeneinander schlüpfen.

Die oben beschriebene Synchronisierungsvorrichtung wurde zur Synchronisierung zweier, von einander unabhängig betriebener Elektromotoren mit 2000 Umdrehungen in der Minute ausprobiert, und hat deren genauestes Zusammenwirken ermöglicht.

c) Geplante Synchronisierungsvorrichtung von Mihály.

Später ist auch der Plan aufgetaucht, die Wirkung dieser Synchronisierungsvorrichtung bei dem Fernseher automatisch zu gestalten. Die Methode war naheliegend. Man mußte nur dafür sorgen, daß das Erscheinen der sogenannten „dunklen Flecken" auf dem Projektionsschirme der Reproduktionsstation durch Selenzellen kontrolliert wurde. Demzufolge waren an den bezeichneten Stellen Selenzellen angebracht, welche bei synchronem Lauf der zwei Apparate durch die dunklen Flecke verdeckt waren (dunkel blieben), also in dem mit ihnen parallel geschalteten polarisierten Relaisstromkreise als schlechte Leiter funktionierten. Wenn der Synchronismus aus irgend einem Grunde aufhören sollte, Asynchronismus sich also einstellt, so würde die „Deckung" ganz oder teilweise aufhören, die sogenannten „Beobachterzellen" Licht erhalten, wodurch die mit ihnen gekuppelten Relais in Wirkung treten und durch einen Nebenschlußkreis verschiedene, mit der Betriebsvorrichtung in Verbindung stehende Bremsvorrichtungen in Tätigkeit setzen oder bei einer elektromagnetischen Kupplung eine Schlüpfung verursachen.

Der Versuch mit dieser Anordnung hat aber zu dem Ergebnis geführt, daß die zum Betriebe der polarisierten Relais benutzten Selenzellen mit sehr wahrnehmbarer Trägheit arbeiteten, zu welcher noch die Trägheit der Relais und des Mechanismus hinzukommt, sodaß das Gleichgewicht bei einem aus dem Synchronismus gefallenen Apparate sich sehr schwer wieder einzustellen vermochte, und zwar, wie es ganz klar ist, wegen der Tätigkeit der Synchronisierungsvorrichtung.

Zur Vermeidung dieses Fehlers waren bei dem neuen Projekte nicht drei, sondern eine ganze Reihe dunkler Flecke auf der ganzen Bildfläche zerstreut so angebracht, daß der zwischen diesen befindliche Abstand zuerst sich vergrößert, dann verkleinert. Natürlich wären auch auf dem Projektionsschirm der Reproduktionsstation die Beobachter-Selenzellen entsprechend zu verteilen gewesen. Dieses Projekt kam aber nicht mehr zur Ausführung, denn inzwischen mußte die gesamte Anordnung dieses zweiten Fernsehers aufgegeben werden.

Es hatte sich nämlich herausgestellt, daß die Ausführung der konzentrischen, sich drehenden Glaszylinder in solcher Genauigkeit, daß sie den praktischen Anforderungen entsprechen, unmöglich ist, aber auch ohnedies erleiden die durch die Spalten hindurch projizierten Bildelemente in ihrer Lichtstärke einen so großen Verlust, daß die durch dieselben in der Selenzelle hervorgerufenen Widerstandsänderungen nun schon unregistrierbare Stromimpulse verursachen.

Die infolge der großen Lichtverluste ungenügende Stärke der Stromimpulse hat mich gezwungen, ein entsprechendes Registrierorgan zu konstruieren, welches die außerordentlich schwachen Bildströme zu entsprechenden Lichtstärken transformiert.

d) Konstruktionsversuch eines Lichtrelais. Der Dreielektrodenröhrenverstärker von L. de Forest.

Wir benötigten ein Lichtrelais, welches die Widerstandsänderungen der Selenzellen unter dem Einfluß der unendlich kleinen Lichtänderungen auf der Reproduktionsstation als entsprechende Lichtänderungen rekonstruiert.

Zu diesem Behufe wurden alle Erscheinungen, mittels deren Hilfe man durch Stromänderungen Lichtänderungen hervorrufen kann, wiederholt in Betracht gezogen. Die oben beschriebene „lichttelephonische“ Einrichtung war optisch unempfindlich, denn obzwar im Telephon die schwächsten Stromimpulse hörbar waren, war es unmöglich, diese Impulse zum Hervorrufen von Lichtänderungen zu benutzen, es war nicht möglich, die so kleinen Vibrationen der Telephonmembrane sichtbar zu machen, z. B. durch Bewegung eines Lichtbündels. Es ist zu bemerken, daß, wenn man die Membrane in diesem Falle zur Intensitätsregulierung eines Lichtstrahles benutzte, die Aenderungen so klein waren, daß sie selbst bei den sorgfältigst durchgeführten Versuchen auf dem empfindlichsten Film nicht photographisch feststellbar waren. Diese

Tatsache hat mich bewogen, die Versuche mit dem Telephon als gänzlich aussichtslos endgültig aufzugeben.

Ebenso wenig Erfolg war mit den verschiedensten Formen der Glimmlichtlampe*) zu erreichen; alle Ausführungen zeigten sich als zu unempfindlich.

Zur Beeinflussung des Bogenlichtes durch die Bildströme war auch wenig Hoffnung, um so weniger, als die unter dem Namen der sprechenden Bogenlampe bekannte Erscheinung – wie es ja alle Experimentatoren wissen — von sehr unbeständigem Charakter ist. Der Vollständigkeit halber haben wir auch diese Erscheinung auf photographischem Wege kontrolliert, leider waren unsere zwei Monate dauernden Untersuchungen ohne Erfolg.

Das Saitengalvanometer ließ schon größere Hoffnungen zu. Ein Edelmann-Galvanometer mittlerer Type gab noch millimetergroße Ablenkungen, wenn die mit ihm verbundene Selenzelle meiner Konstruktion durch diffuses Zimmerlicht mit 2000 sekundlichen Unterbrechungen belichtet wurde. Wenn aber das Saitengalvanometer — wie dies auch bei dem Korn'schen Bildtelegraphen der Fall ist — mit dem winzigsten Aluminiumplättchen versehen werden sollte, um als Lichtverschluß zu arbeiten, so zeigten sich einesteils unter gleichen Verhältnissen die Ablenkungen als zu klein, andererseits aber vergrößerte sich die Trägheit des Systems derart, daß es oberhalb einer Frequenz von 180 bis 220 in der Sekunde nicht mehr reagierte. Eine andere optische Lösung aber, durch welche die Wiedergabestation genügend Licht bekäme, ist kaum vorstellbar. Uebrigens mußte die Tatsache, daß bei einem entsprechend empfindlichen Instrument der freie Faden allein nur beiläufig 2000 sekundliche Wirkungen registrieren könnte, das Saitengalvanometer von jeder Kombination ausschließen.

Nach dem Saitengalvanometer gelangten die verschiedensten Oszillographen zur Untersuchung. Wie bekannt, gibt es Oszillographen — den Blondel'schen Nadeloszillographen — welche sekundlich 50000 bis 75000 Stromänderungen zu registrieren vermögen, und es sind auch jene Oszillographen nicht selten, welche Stromstärken von 10^{-10}, ja 10^{-12} Ampere zu registrieren im Stande sind. Leider vereinigt die beiden wichtigen Eigenschaften, kleine Trägheit und große Empfindlichkeit, kein Oszillograph in sich. Denn

*) Leider haben D. v. Mihály in Ungarn nicht die hochentwickelten Glimmlichtröhren zur Verfügung gestanden, welche G. Seibt bei seiner Entwicklung des tönenden Films schon verhältnismäßig frühzeitig benutzen konnte.

während der Nadeloszillograph mit kleiner Trägheit nur auf verhältnismäßig sehr starke Impulse (beiläufig 0,3 Ampere) reagiert, haben die empfindlichen bifilaren Oszillographen eine relativ große Trägheit. Die Oszillographen von obenerwähnter Empfindlichkeit können z. B. nur 2000 bis 3000 sekundliche Impulse registrieren. Bei letzteren, den bifilaren Oszillographen, kann man aber durch entsprechende Dimensionierung der Schleife, durch Aenderung des magnetischen Feldes und durch Benutzung einer entsprechenden Dämpfung, eine zwischen den beiden Grenzwerten befindliche Empfindlichkeit und Trägheit erreichen. So kann z. B. ein ebenfalls von Blondel konstruierter Bifilaroszillograph 15000 sekundliche Schwingungen ausführen, wobei seine Empfindlichkeit noch so groß ist, daß 1 Milliampere mit einem reflektierten Lichtstrahl 25 mm Ausschlag gab, wenn der Schirm vom Spiegel 1 m entfernt war.

Diese Beobachtung gab mir den Mut, den Oszillographen bei meiner auf Fig. 54 dargestellten primitiven Konstruktion als Lichtrelais zu benutzen.

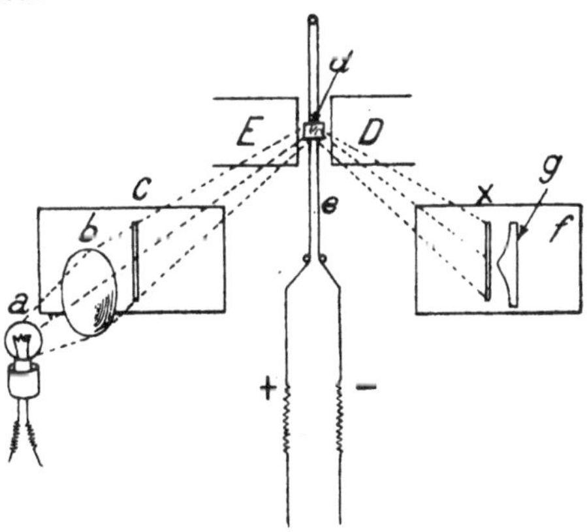

Fig. 54. Lichtrelais mit Schleifenoszillograph nach D. v. Mihály.

Der Oszillograph selbst bestand in diesem Falle aus der aus 0.006 mm Wollastondraht verfertigten Schleife *e*, welche mit dem aufgeklebten Spiegelchen *d* zwischen den Polen *E* und *D* eines Magneten ausgespannt war. In dieser Schleife wurden die von der Selenzelle an die Reproduktionsstation gesandten „Bildströme" geleitet, welche die Schleife bezw. den auf dieser befestigten Spiegel ihrer Stärke entsprechend ablenkten. Um nun die die Bildströme bildenden Stromimpulse bezw. die ihnen entsprechenden Ablenkungen des Spiegels in entsprechende Lichtintensitäten zu verwandeln, lassen wir das mit der Linse *b* gesammelte Lichtbündel der Lampe *a* durch den Spalt *c* auf den Spiegel *d* fallen, von welchem dasselbe als scharfer Lichtstreifen auf den undurchsichtigen Schirm *f* vor die Spitze des teilweise keilförmigen Spaltes *g* reflektiert wird; wenn der Spiegel unbeweglich ist, kann der Lichtstreifen *x* nicht durch den Spalt *g* gelangen. Wenn aber das Spiegelchen infolge der Bildströme ausschwingt, so bewegt sich der Lichtstreifen der Ablenkung entsprechend auf dem Spalt und durchdringt denselben je nach der Stärke der Stromimpulse auf einer schmäleren oder breiteren Stelle. Hierdurch gelangen längere oder kürzere Teile des Lichtstreifens durch die Wand *f*, so daß, wenn wir hinter dem Spalt *g* eine Sammellinse anbringen, dessen Sammelpunkt je nach dem Maße der Ablenkung des Lichtstreifens *x* abwechselnd hell aufleuchten oder sich verdunkeln wird.

Wir können auf der Figur bemerken, daß die Konturen des Spaltes *g* nicht gradlinig, sondern gebogen sind. Der Grund hiervon ist, daß die Selenzelle auf die auffallenden Lichtwirkungen nicht im geraden Verhältnis reagiert, somit müssen die Querschnitte des Spaltes *g*, wo die Lichtstrahlen bei der Ablenkung hindurchgehen, zwecks Korrektion empirisch gewählt werden, damit die reproduzierte Lichtstärke der aufgenommenen Lichtstärke entspricht und die Unregelmäßigkeit der Selenzellenreaktion korrigiert wird.

Das erste Lichtrelais dieser Art war ein Blondel'scher Oszillograph; da dieser aber nicht genügend empfindlich war, mußte die Schleifenlänge vergrößert werden. Dies war wieder, nachdem die benutzte Schleife aus einem 0.006 mm starken Wollastonfaden bestand, wegen der schwierigen Handhabung sehr umständlich. Um mit einem dickeren Faden arbeiten zu können, ohne dabei an Empfindlichkeit einzubüßen, waren wir gezwungen, die Fadenlänge noch mehr zu vergrößern. Die Maße des danach benutzten Oszillographen waren folgende: der Faden war ein 0.025 mm starker Silberdraht von 450 mm Länge mit einem Fadenabstand von 0.4 mm und einem Spiegel von 1 × 0.5 mm Oberfläche. Leider registrierte selbst diese Anordnung, welche schon wegen ihrer Dimension praktisch sehr unbequem war, die bei diffuser Zimmerbeleuchtung hergestellten sekundlichen 3000 Bildströme nur dann zufriedenstellend, wenn der Spalt *g* von dem Spiegel 1500 mm entfernt war. Die Empfindlichkeit war also immer noch nicht genügend.

Die Empfindlichkeit hätte nur zu Lasten der Frequenzsteigerung vermehrt werden können, obzwar auch diese schon nicht entsprechend war.

Um die Schwierigkeit zu beheben, dachte ich zuerst an die Benutzung eines Relais und zwar zuerst an das sogenannte Mikrophonrelais. Ein solches Mikrophonrelais ist in Fig. 55 dargestellt.

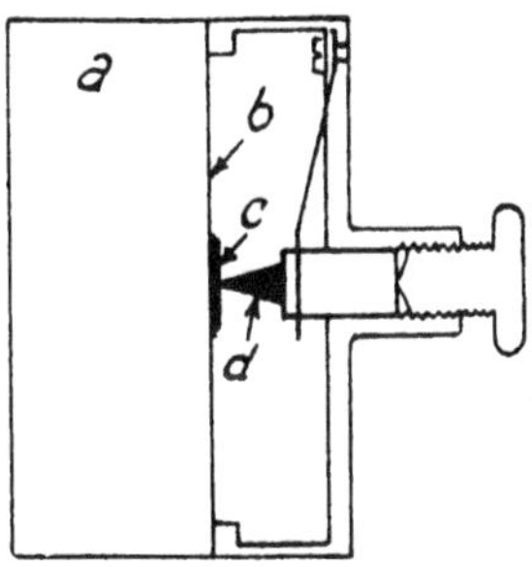

Fig. 55. Mikrophonrelais.

Auf der Membrane *b* des empfindlichen Telephons *a* von großem Widerstande ist das Graphitplättchen *c* befestigt. An dieses Graphitplättchen lehnt sich, durch eine feine Schraube verstellbar, die Kohlenspitze *d* lose an, welche je nach den Schwingungen der Membrane mit dem Graphitplättchen einen losen oder festen Kontakt bildet. Dieses Relais ist aber bei richtiger Einstellung ungemein empfindlich, reagiert auf jede äußere Wirkung und vermag hierbei nur auf relativ geringe Frequenzen (4000 bis 6000 in der Sekunde) anzusprechen. Dabei geht das Relais rasch zugrunde und reagiert nicht regelmäßig. Aus eben denselben Gründen und hauptsächlich wegen ihrer Trägheit waren sämtliche Relais zu diesem Zwecke untauglich.

Ein anderer Entwurf war, einen Oszillographen von großer Frequenzfähigkeit, aber kleiner Empfindlichkeit mit einer zuerst von L. de Forest angegebenen Röhre zu betätigen. Dieses Relais fußt auf der Entdeckung von A. Wehnelt, daß auf hohe Temperatur erhitzte Metalloxyde schon bei einer geringe Bruchteile eines Voltes betragenden Spannung Elektronen emittieren (Kathodenstrahlen), somit schon durch kleine Wirkungen beeinflußbar sind. Die von der Kathode in den verdünnten Gasraum abgestoßenen Elektronen zerteilen die Gasmoleküle in positive und negative Ionen (Ionisation des Gases). Solange das Gas nicht ionisiert ist, kann kein elektrischer Strom hindurchgehen, es verhält sich wie ein Isolator. Wenn man in die Flugbahn der Elektronen —

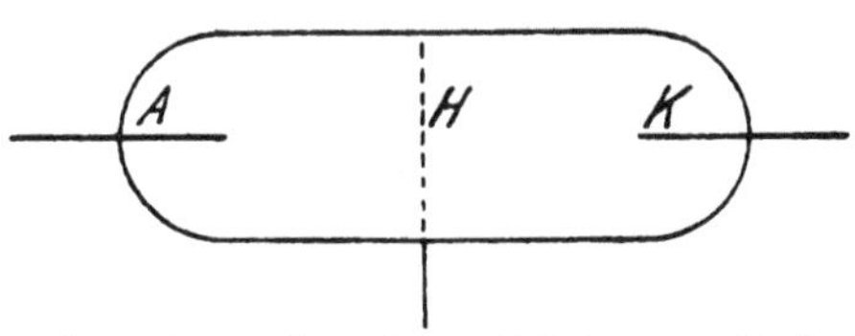

Fig. 56. Dreielektrodenröhre (Relais) von L. de Forest.

welche eine negative Ladung besitzen — ein Metallnetz (Gitter) anbringt (siehe *H* in Figur 56), so erlangt dieses infolge Absorption der Elektronen eine negative Ladung und vermindert die Geschwindigkeit der dorthin fliegenden Elektronen so lange, bis das das Netz umgebende Gas nicht mehr imstande ist, zu ionisieren. Deshalb bildet sich um dieses ein sogenannter Dunkelraum, wie solcher auch bei der Kathode sich ausbildet, der als „Kathodendunkelraum" bekannt ist. Infolge der Absorbtion der Elektronen bezw. infolge der hieraus sich ergebenden Geschwindigkeitsverminderung in dieser Entladungsröhre vergrößert sich der Spannungsabfall und die Stromstärke vermindert sich. Wenn das Netz den ganzen Querschnitt der Röhre einnimmt und es zum Durchdringen des Stromes in die Richtung der Anode nur sehr kleine Oeffnungen enthält, so wird der Spannungsabfall der Entladung besonders groß, denn der größte Teil der Elektronen wird durch das Netz absorbiert und es wird zur Ionisierung des Raumes oberhalb des Netzes nur die geringe Menge der durch die Oeffnungen hindurchgehenden Elektronen übrig bleiben. Die Zahl und der Querschnitt der Oeffnungen bestimmen somit den durch das Netz in der Röhre verursachten Spannungsabfall. Ein Maß des Spannungsabfalles bezw. des inneren Widerstandes der Röhre bildet die Höhe des über dem Netze sich bildenden Dunkelraumes. Je höher der Spannungsabfall ist, in umso größerem Umfange verbreitet sich der in der Nähe der Anode sich bildende dunkle Streifen. Wenn dem Netze von außen ein Potential aufgedrückt wird, so kann hierdurch der Spannungsabfall in der Röhre verändert werden. Bei vergrößerter Potentialdifferenz zwischen der Kathode und dem Netz vergrößert sich die Geschwindigkeit der dem Netz zuströmenden Elektronen und gleichzeitig die Zahl der in den Oeffnungen befindlichen freien Ionen, denn hierdurch vermindert sich die Absorbtion der Kathodenstreifen, die Ladung auf dem Netz.

Das Netz, das wir in der Folge als Hilfselektrode bezeichnen, wirkt auf die von der Anode ausgehenden elektrostatischen Kraftlinien als Faraday'scher Käfig, d. h. die Kraftlinien dringen größtenteils in die Metalloberfläche der Hilfselektrode ein, und nur sehr wenige zerstreute Kraftlinien gelangen durch die Oeffnungen der Hilfselektrode hindurch zu der Kathode. Diese Streuungslinien sind umso dichter, je näher das Potential der Hilfselektrode dem Potential der Anode ist bezw. je größer die Ionisation bezw. die Leitfähigkeit des in den Oeffnungen der Hilfselektrode befindlichen Gases ist.

Nachdem diese Ionisation mit der Dichte der Kraftlinien sich ändert (die Dichte ist ein Maß für die Potentialdifferenz zwischen der Anode und Kathode bezw. für die Geschwindigkeit der von der Kathode ausgehenden Elektronen) und mit derselben die Streuung wächst, folgt aus einer kleinen Aenderung des Hilfselektrodenpotentiales eine große Schwankung des Stromes. Diese große Abhängigkeit des Stromwertes vom Potential der Hilfselektrode führt zur Konstruktion eines Gasentladungsrelais, das in seiner Einfachheit und Empfindlichkeit jedes bisherige Relais weit überflügelt. Das Relaisprinzip anhand der Dreielektrodenröhre ist folgendes:

Die Spannungsschwankungen des Primärstromes werden der Spannung der Hilfselektrode direkt oder induktiv überlagert, wobei aber vorher die Spannung der Hilfselektrode auf einen für den Anodenstrom empfindlichsten Wert eingestellt wird. Die Einrichtung selbst zeigt Fig. 57 schematisch. *G* ist das evakuierte Glasgefäß,

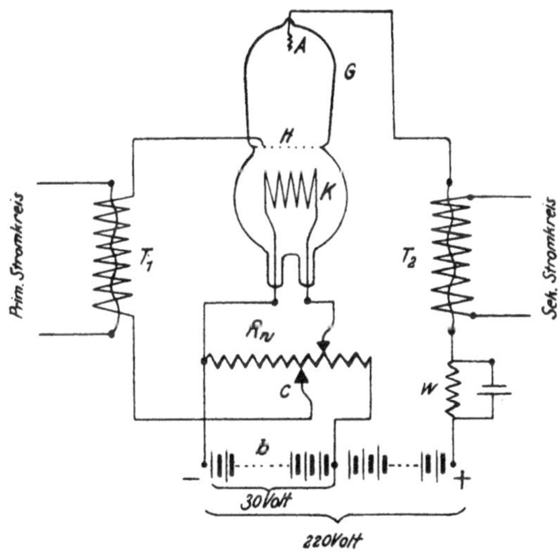

Fig. 57. Röhrenrelaisschaltung.

in welchem die drei Elektroden: *K* die Kathode, *H* die Hilfselektrode und *A* die Anode, angebracht sind. Die Hilfselektrode teilt die Röhre in zwei Teile und läßt den Strom der zwei Hauptelektroden nur durch ihre kleinen Oeffnungen hindurch.

Die Glühkathode *K* ist ein auf einen Glasträger in Zick-Zacklinie aufgewickeltes Platinband, das mit einer dünnen Barium- und Calciumoxydschicht überzogen ist und durch den Strom der 30-voltigen Batterie *b* auf Rotglut (ca 1000 C.) erhitzt wird. Die Einstellung der Spannung der Hilfselektrode geschieht mit dem Gleitkontakt *c*, welcher sich auf dem, mit der Batterie *b* verbundenen

Regulierwiderstand *Rw* bewegt. Der Primärstrom wird durch den Transformator T_1 induktiv auf den Stromkreis der Hilfselektrode übertragen. Der Sekundärstrom, d. i. der durch das Relais verstärkte Strom, wird von der sekundären Spule des Transformators T_2 abgenommen. Die Einschaltung dieses Transformators in den Hauptstromkreis ist theoretisch nicht nötig, und er hat nur den Zweck den 200—250 voltigen Betriebsstrom den an das Relais anzuschaltenden Instrumenten fernzuhalten. Der Widerstand *W* hat den Zweck, eine übergroße Verstärkung zu verhindern und ist für die verstärkten Wechselströme durch einen Kondensator überbrückt. Die Größe des Anodenstromes ist gleichfalls durch die Höhe des über die Hilfselektrode befindlichen dunklen Raumes bestimmt. Mit der Verminderung des oberen Glimmlichtes nimmt zugleich die Höhe des Dunkelraumes zu. Wenn man die primäre Spule des Transformators mit einer Batterie und einem Mikrophon in Serie schaltet und wenn man dann auf letzteres spricht, so kann man die durch den Rhythmus der Sprache hervorgerufenen Anodenstromschwankungen in den Aenderungen des Glimmlichtes und des Dunkelraumes beobachten.

Das oben beschriebene Relais ist, seither von mehreren Seiten umkonstruiert, als „Röhrenverstärker" allgemein im Betriebe, besonders in Telephonleitungen und auf Radiostationen, weil es das einzige Relais ist, welches infolge seiner Natur praktisch ohne Trägheit ist und in entspr. Schaltungen sehr große Verstärkungen zuläßt.

Es ist interessant zu bemerken, daß schon Reiß selbst in seiner Arbeit der Hoffnung Ausdruck verleiht, daß man mit Hilfe dieses Relais die Bildströme des Bildtelegraphen verstärken und damit die Schnelligkeit des Uebertragens vergrößert werden könne.

Die von mir erzielten Versuchsergebnisse mit einem Lieben-Reiß'schen Relais und einem schon vorher beschriebenen Oszillographen sind in folgendem zusammengefaßt: Die Zelle war mit diffuser Zimmerbeleuchtung (sekundlich 2000 Belichtungen) belichtet, wobei die ganze empfindliche Oberfläche der Zelle 1 mm^2 ausmachte. Dabei gab das nach dem Prinzip des Blondel'schen Oszillographen verfertigte Lichtrelais bei einer Spiegelentfernung von 1500 mm 7 mm große Ablenkungen. Die Größe der Ablenkung nahm aber bei Vermehrung der Intermittierungen rasch ab, was ja auch natürlich ist, da bei kürzerer Zeitdauer die Belichtung kleinere Widerstandsänderungen verursacht. Bei 4000 sekundlichen intermittierenden Belichtungen, also bei doppelter

Frequenz, fiel der Ausschlag nicht auf die Hälfte, sondern auf 6 mm, bei 8000 auf 4 mm. Ueber dieser Frequenz war der Abfall nicht mehr genau zu verfolgen, nur soviel war zu konstatieren, daß bei 4000 sekundlichen Lichtschwankungen die Ausschläge nicht mehr bemerkt werden konnten. Nachdem aber bei dem primitivsten Fernsehversuchsapparat auf der Reproduktionsstation 2500 sekundliche Stromimpulse den entsprechenden Lichteffekt auslösen müssen, ist es klar, daß mit der oben beschriebenen Lichtrelaisvorrichtung selbst der Versuchsapparat nicht herzustellen war, während von einem ernster zu nehmenden Apparat, der mit einer Frequenz von 100.000 arbeiten würde, gar nicht die Rede sein konnte.

Ich dachte zuerst die Empfindlichkeit der Relaisvorrichtung dadurch steigern zu können, daß ich mehrere in Kaskade geschaltete Elektronenrelais verwendete. Das Ergebnis war leider nicht entsprechend. Abgesehen davon, daß die Relais mit ihren Bestandteilen (Akkumulatoren, Anodenbatterie etc.) eine übermäßig große lästige Vorrichtung bildeten, kommt es viel unangenehmer noch in Betracht, daß Eigenschwingungen auftraten und daß dies die Wirkung in sehr hohem Maße verzerrte. Es bestand keine Hoffnung, auf diesem Wege mehr als 20.000 Bildstromstöße registrieren zu können. Wir mußten also einen anderen Weg finden, um die Empfindlichkeit und Frequenzfähigkeit des Lichtrelais zu vergrößern. Wir versuchten, die Ausschläge des Oszillographen durch größere Entfernung des Schirmes zu vergrößern. Ein anderer Versuch war, die Bewegungen des von dem Oszillographenspiegel reflektierten Strahles durch vor dem Spiegel angebrachten festen Spiegel mehrfach reflektierend zu vergrößern (Fig. 58). Beide Versuche sind mißlungen aus dem Grunde, weil selbst das bewegliche System des am besten gedämpften Oszillographen aus mechanischen Gründen Schwingungen besitzt, welche sofort auftreten, wenn jemand in der Nähe des Oszillographen sich aufhält. Die Verlängerung des reflektierten Strahles, der sozusagen als übertragender Hebelarm wirkt, vergrößert diese mechanischen Schwingungen in dem Maße, daß sie die von den Stromimpulsen herrührenden Aus-

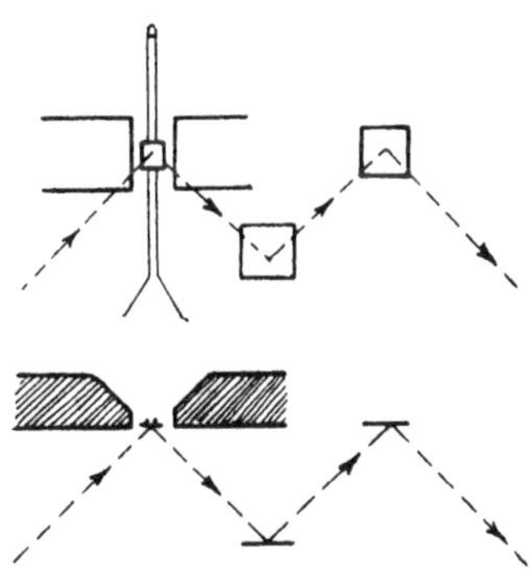

Fig. 58. Oszillograph mit Reflexspiegelanordnungen.

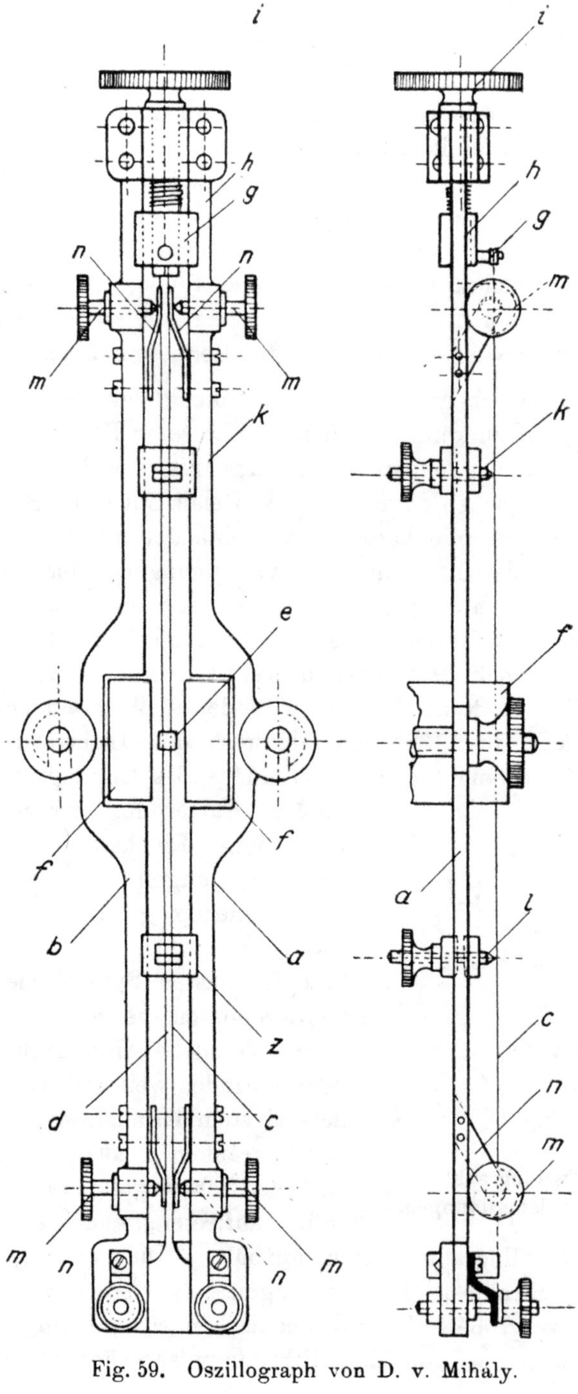

Fig. 59. Oszillograph von D. v. Mihály.

schläge stört. Indem ich die theoretischen Forderungen eines Oszillographen untersuchte, zeigte sich das verblüffende Ergebnis, daß die bisherigen Oszillographenkonstrukteure einen wesentlichen Umstand fast gänzlich vernachlässigt hatten, welcher aber auf die Empfindlichkeit des Oszillographen von sehr großem Einfluß ist. Das Wesen der neuen Anordnung, welche gesetzlichen Schutz gefunden hat, ist eine Vorrichtung, durch welche die zwei Aeste der das Schwingungssystem des Oszillographen bildenden Schleife einander außerordentlich nahe gebracht werden können. Fig. 59 zeigt eine mit einem schwingenden System versehene Oszillographentraverse, wo *ff* die Magnetpole, *a* und *b* die zwei Schenkel der Traverse, *e* der Spiegel, *dc* die Schleife und die mit *m* bezeichneten Mikrometerschrauben die sogen. „Fadeneinstellschrauben" sind, welche durch Eindrücken der Federplättchen *n* die beiden Schleifendrähte beliebig einander nähern können. Um den Berührungsabstand kontrollieren zu können, sind für die Einstellung die zwei Fäden voneinander isoliert (an den Stellen *c* und *d*) und man nähert die zwei Fäden soweit einander, bis in dem, an sie angeschalteten Stromkreis ein Ausschlag des Milliamperemeters entsteht. Jetzt reguliert man den Faden derart zurück, bis das Instrument keinen Ausschlag mehr zeigt. So kann man es erreichen, daß die Entfernung der beiden Fäden nur einige Hunderstel Millimeter ausmacht.

Wie wichtig diese primitiv scheinende Anordnung ist, ersieht man bei einigem Nachdenken aus Figur 60. Auf der linken Seite der Figur sehen wir in vergrößertem Maßstab den Durchschnitt durch denOszillographen, wo *E* und *D* die Magnetpole, *a* und *b* die Fäden, *t* den Spiegel im Querschnitt bedeuten, die gestrichelte Lage aber den Stand bei einem, durch einen Strom hervorgerufenen Ausschlag darstellt. Auf der rechten Seite der Figur aber ist die Ablenkung desselben Oszillographen zu sehen unter denselben Verhältnissen, aber bei einander genäherten Fäden. Es ist nun natürlich, daß die Ablenkung des Spiegels und somit die Winkeldrehung des reflektierten Strahles trotz derselben Verhältnisse bedeutend größer geworden ist. Die zwei Aeste der Oszillographenschleife sind nämlich eigentlich nichts anderes, als zwei in einem Magnetfelde

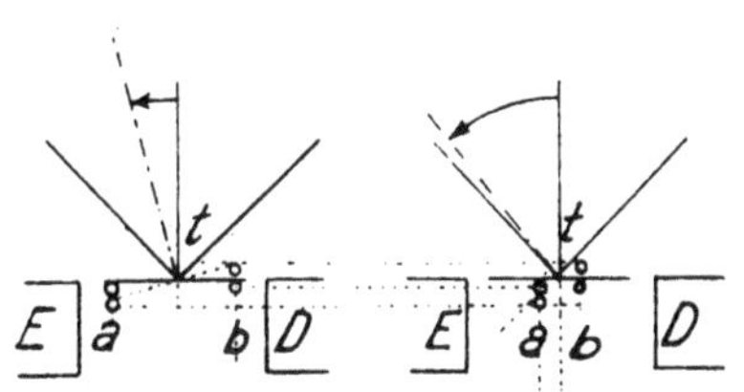

Fig. 60. Wesentliche Teile des Oszillographen von Mihály.

sich normal zu den Kraftlinien bewegende Saiten, in denen der Strom in entgegengesetzter Richtung fließt. Es ist klar, daß die zwei Saiten sich in parallelen Ebenen zu bewegen trachten, woran sie aber der Umstand hindert, daß sie durch den aufgeklebten Spiegel in der freien Bewegung gehindert und gezwungen werden, um eine zwischen beiden liegende Achsenlinien stattfindende Drehbewegung auszuführen. Eben deshalb gab man den Fäden 1 mm Entfernung und arbeitete mit Winkeldrehungen. Hierbei war nun gerade jene Erkenntnis der Ausgangspunkt, daß, wenn beide Fäden auch eine Elastistizität in Längsrichtung besitzen, es bei der Annäherung der Fäden eine Grenze gibt, wo diese Elastizität der Fäden den Unterschied zwischen der ideellen (parallelen) und der tatsächlich zustandekommenden (drehenden) Bewegung aufhebt, so daß im Endresultat die ideelle Ablenkung sich einstellt. Tatsächlich haben die nach erwähntem Grundsatz konstruierten Oszillographen in einem

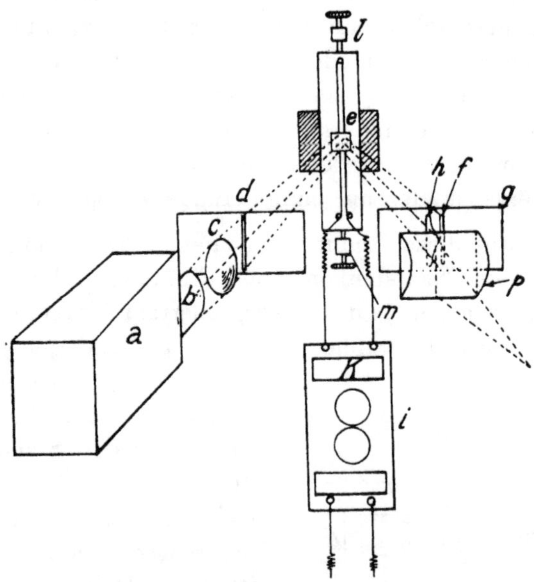

Fig. 61. Lichtrelais von v. Mihály.

unerwarteten Maße dem Zwecke entsprochen. Als man die Zelle mit diffusem Licht belichtete, welches in der Sekunde 50.000 mal unterbrochen wurde, registrierte der angefertigte Oszillograph durch ein Elektronenrelais hindurch die Stromimpulse mit Ausschlägen von 3 bis 3,5 mm, obgleich der Spiegel von dem Schirm nur 30 cm entfernt war.

Das mit solchen Oszillographen hergestellte Lichtrelais zeigt Fig. 61. Die Lichtquelle *a* ist eine Kalklichtlampe, was deshalb von Wichtigkeit ist, weil die verschiedenen Fokuslampen nicht genügend Licht durch den Oszillographenspiegel von $^1/_4$ mm^2 Fläche geben und weil andrerseits der Lichtbogen der sonst entsprechenden Bogenlampe wandert und dadurch aus der ziemlich kompliziert verlaufenden optischen Achse kommt. Der $^1/_4$ mm^2 Spiegel ist übrigens mit sogenannter „Spaltbeleuchtung" beleuchtet, d. h. vor der Kondensorlinse *b* ist die Sammellinse *c* und vor dieser der verschieden breit einstellbare Spalt *d* angebracht. Im Sammelpunkt der Linse *c* ist das Oszillographenspiegelchen *e* schief eingestellt, so daß der reflektierte scharfe Lichtstreifen *f* um 90^0 gedreht auf das Relaisdiaphragma *g* und zwar vor dessen Oeffnung *h* geworfen wird. Die oszillierende Schleife des Oszillographen erhält die Stromimpulse aus dem Austrittransformator *k* des Verstärkers *i*. Um das evtl. ungleichmäßige Aufkleben des Spiegelchens an der Oszillographenschleife vom optischen Gesichtspunkte aus korrigieren zu können, ist der ganze Oszillograph um die Zapfen *l* und *m* drehbar angebracht. Die Zylinderlinse *p* zieht die aus der Oeffnung *h* austretenden Strahlen zu einem Punkt zusammen.

Die Empfindlichkeit des so hergestellten Lichtrelais war außerordentlich groß. Es registrierte in der Sekunde 50.000 Aenderungen ganz schwacher Lichtintensitäten so genau, daß, obzwar bei größeren Frequenzen ein Versuch nicht stattfand, es unzweifelhaft ist, daß es bei entsprechender Wahl der Dimensionen ohne Schwierigkeit doppelt so große Frequenzen regelmäßig registrieren wird.

Bei einer Versuchsanordnung war die Selenzelle derart belichtet, daß eine, durch einen Elektromotor gedrehte Scheibe von 110 cm Durchmesser mit weißem Papier überklebt wurde, welches an der Peripherie verschiedene, mit Bleistift gezogene, hellere oder dunklere Radiallinien enthielt.

Auf diese Scheibe wurde durch eine Zylinderlinse ein dünner schwacher Lichtstreifen geworfen, welcher von der Scheibe stärker oder schwächer auf die Selenzelle reflektiert wurde, je nachdem ob die Reflektion von einer dunkleren oder helleren Linie geschah. Die Anordnung zeigt Fig. 62.

Die von der Zelle hervorgerufenen Stromimpulse wurden in das „Lichtrelais" geführt, und die durch dasselbe hindurchgelangenden Lichtstrahlen ließen wir auf ein mit 4 m in der Sekunde sich bewegendes lichtempfindliches Filmband durch einen dünnen Spalt hindurch wirken. Wenn man den Film nach einem 2—3-sekundlichen Betriebe betrachtete, so waren auf demselben sämtliche Linien auch ihrer Intensität entsprechend erkennbar.

Endlich hatten wir die zwei, zu einem Fernseher nötigsten Instrumente, in deren Besitz man nun an die tatsächliche Ver-

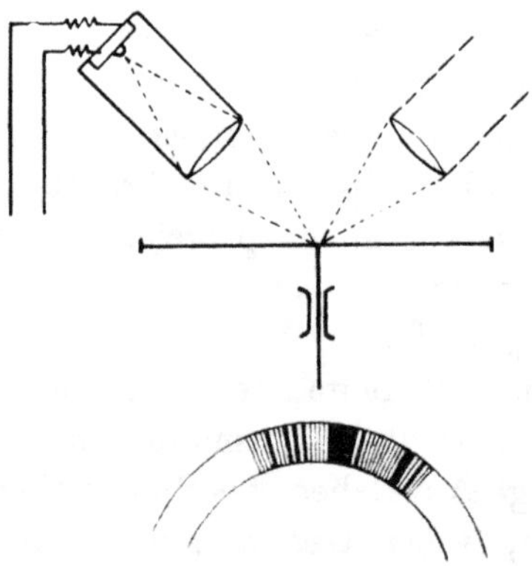

Fig. 62. Prüfeinrichtung für den Oszillographen.

wirklichung eines Fernsehers denken konnte: ein lichtempfindliches Organ, eine Selenzelle, welche die schnellsten und sehr schwachen Lichtintensitätsschwankungen mit einer praktisch nicht in Rechnung zu ziehenden Trägheit registrieren vermochte, ferner ein entsprechendes Lichtrelais, welches, zusammen mit der Selenzelle hervorgerufen, unendlich schwache und enorm schnell wechselnde Stromimpulse — die Bildströme — in entsprechende Lichtintensitäten umzuwerten vermochte.

e) Bildzerlegungs- bezw. Vereinigungsapparat.

Fast gleichzeitig mit letzterem Ergebnis hat das dauernde Arbeiten an dem Oszillographen das dritte Resultat gezeitigt: einen Bildzerleger- bezw. Bildvereinigungs-Apparat, welcher in einfacher Weise bei kleinen Dimensionen und unter verschwindend geringen mechanischen Beanspruchungen wirkt.

Der erste Gedanke in dieser Richtung bestand darin, daß wir die sekundäre Bildzerlegung, welche die großen Dimensionen oder die außerordentlichen Geschwindigkeiten verursachte, durch einen Oszillographen herstellen ließen, mit welchem die in Rede stehenden Geschwindigkeiten zu bewältigen waren. Eine auf diesem Prinzip hergestellte Zerleger- bezw. Vereinigungsvorrichtung zeigt Figur 63.

Das Objektiv *A*, welches bei dem Bildaufnehmer das Bild in das Innere des Apparates projiziert, wirft das Lichtbündel auf den schiefen Spiegel *B*, welcher von der La Cour'schen Scheibe *C* in gleichmäßiger Schwingung erhalten wird. Das Bild wird von diesem Spiegel auf die Wand *E* reflektiert, wo es auf dem Spalt *X* ständig auf und abschwingt, sodaß durch den Spalt daher zu gleicher Zeit jedesmal nur ein einziger vertikaler Streifen des Bildes hindurchdringen kann. Das ist die primäre Zerlegung. Die den Spalt durchdringenden Bildstreifen werden durch die Zylinderlinse *F* gesammelt, auf

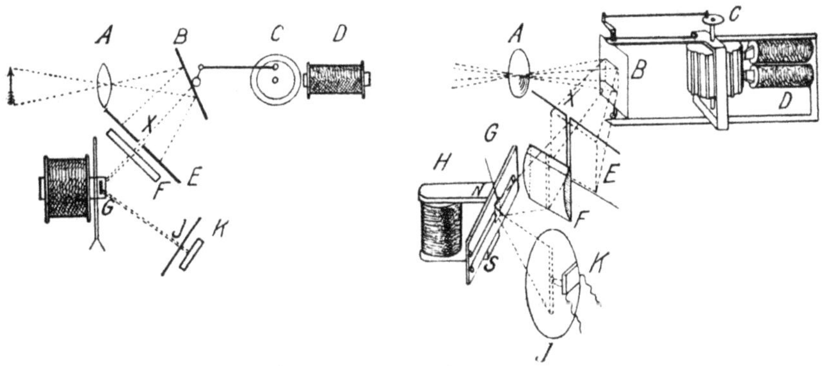

Fig. 63. Bildzerlegungs- und Vereinigungsapparat.

das Spiegelchen *G* des Oszillographen *H* projiziert, von wo sie reflektiert auf dem punktförmigen Diaphragma *J* wieder zum Streifen fächerartig auseinander gezogen werden. Die Zerlegung des Bildes in seine Elemente kann man viel besser verstehen, wenn man die auf der rechten Seite der Figur 63 axonometrisch gezeichneten Lichtwege betrachtet. Das Bild erleidet seine primäre Zerlegung im Spalt *X* dadurch, daß das Bild durch den Spiegel *B* auf dem Spalt hin und her in Schwingungen gesetzt wird. Damit die primäre Zerlegung innerhalb der Trägheitszeit des Auges über den Spalt hinweggeführt wird, ist es genügend, wenn es in der Sekunde 10-mal darüber schwingt, was so viel bedeutet, daß der Spiegel *B* in der Sekunde 10 halbe Schwingungen, d. i. 5 ganze Schwingungen, ausführen muß. Der denselben in Bewegung haltende Exzenter, also die La Cour'sche Scheibe, macht in der Sekunde 5, in der Minute also 300 Umdrehungen, was eine sehr langsame Umdrehungszahl ist. Die Feinheit der primären Zerlegung hängt überhaupt nicht von der Umdrehungszahl, sondern nur davon ab, wie breit der primäre Spalt eingestellt wurde. Die den Spalt *X* durchdringenden Bildstreifen werden auf dem Spiegel des

Oszillographen gesammelt und von da aus fächerartig reflektiert und von demselben über der hinter der punktförmigen Diaphragmaöffnung *J* angebrachten Selenzelle in Schwingungen erhalten. Der Spiegel *O* zieht während jeder halben Schwingung je einen Bildstreifen über die Selenzelle. Wenn man also ein Bild von 100 mm aufnimmt, welches man mit einem 1 mm breiten Spalt *X* zerlegt, so muß in jedem Falle, so oft der Spiegel *B* das Bild über den Spalt *X* um 1 mm verschiebt, der Spiegel *O* des Oszillographen eine halbe Schwingung ausführen, was auf 2 mm eine ganze Schwingung, also auf 100 mm 50 Schwingungen bedeutet. Das Bild läuft aber während einer Sekunde zehnmal über den Spalt hinweg, somit muß der Oszillographspiegel während einer Zehntelsekunde 50, in einer Sekunde also 500 Schwingungen ausführen. Das ist aber, wie wir wissen, für den Oszillographen eine Kleinigkeit, nachdem er ohne weiteres selbst das Hundertfache leisten kann. Dies bedeutet aber, daß wir mit dieser Anordnung im Stande wären, nicht nur ein 10 cm großes, sondern auch ein hundertmal so großes Bild leicht und schnell zu zerlegen, oder was dasselbe ist, ein 10 cm großes Bild nicht auf ein Millimeter, sondern in 1/100 mm breite Streifen bezw. Bildelemente zu zerlegen. Dieser Grad der Feinheit bei

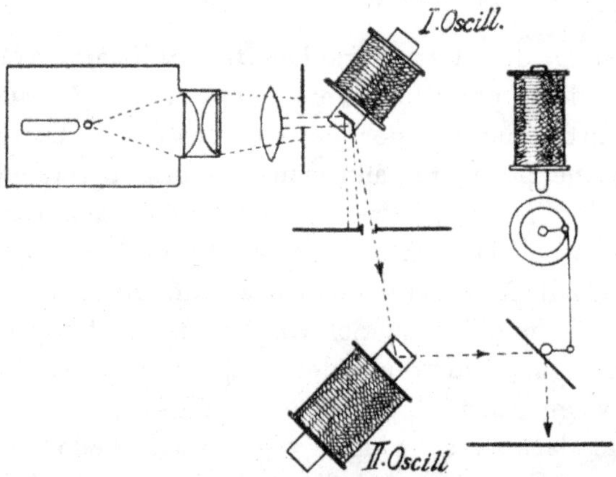

Fig. 64. Anordnung zur Synthese des Bildes.

der Zerlegung übertrifft selbst die übertriebensten Hoffnungen. Dabei verbraucht die Vorrichtung kaum Energie, arbeitet ohne Erschütterungen, und sowohl die La Cour'sche Scheibe, als auch der Oszillographenspiegel wird durch je einen Stimmgabelunterbrecher von entsprechender Frequenz betrieben. Den zweiten, den Oszillographen in Betrieb setzenden Unterbrecher, kann man ersparen, wenn man auf der La Cour'schen Scheibe einen kommutatorartigen Unterbrecher derart anbringt, daß er den, für den Oszillographen nötigen, schneller fluktuierenden Wechselstrom als Unterbrecher des primären Stromes mittels eines Transformators erzeugt. Diese Abänderung hat noch den Vorteil, daß dadurch zwischen der primären und sekundären Zerlegung eine gewisse zwangläufige Verbindung besteht.

Es ist natürlich, daß die oben beschriebene Einrichtung ohne weiteres auch zur Synthese des Bildes verwendbar ist. Die hierzu benötigte Anordnung zeigt Fig. 64. Die primären und sekundären Zerleger und die unter diesen bestehenden Zusammenhänge entsprechen den bei dem Bildzerleger gefundenen Verhältnissen, nur die Richtung des Lichtstrahles ist umgekehrt. An der Stelle der Selenzelle befindet sich hier das Diaphragma des schon bekannten Lichtrelais, welches den Weg für das Lichtbündel öffnet oder versperrt, je nachdem der I. Oszillograph von der Aufgabestation Bildströme empfängt oder nicht.

Von diesen geplanten Bildzerleger- und Zusammenstell-Vorrichtungen gelangte die Art zur Ausführung, bei welcher die sekundären Zerlegeroszillographen einen auf der La Courschen Scheibe angebrachten kommutatorartigen Unterbrecher betreiben. Die Größe des zu übertragenden Bildes war 6 × 6 cm und zwar deshalb, weil bei dem Wiedergabeapparat die zur Verfügung stehende Kalklichtlampe nur so schwaches Licht durch den Spiegel auf den Schirm reflektierte, daß das Bild oder die bei der Probe künstlich hergestellte Lichtwand nur im Dunkeln zu sehen war, obzwar die Größe der Bildelemente schon aus demselben Grunde auf 2 × 2 mm gewählt wurde. Ein 4 mm² großer, scharf beleuchteter Punkt war auf dem Schirm zu sehen, wenn die Vorrichtung sich in Ruhe befand und der Relaisoszillograph absichtlich auf Oeffnung gestellt wurde.

Dieser Lichtfleck wurde aber im Betriebe durch die Vorrichtung auf eine 900mal so große Fläche auseinandergezogen, weshalb seine Lichtintensität auf $^1/_{900}$ herabging.

Bei Verwendung einer 25 Ampere Bogenlampe konnte die Größe des Bildelementes auf 1 mm² reduziert werden, bei einer Bildgröße von 10 × 10 cm. Leider konnte man mit der Bogenlampe den Versuch nur auf sehr kurze Zeit anstellen, denn bei dem kleinsten Wandern des Lichtbogens mußte die ganze Optik neu eingestellt werden.

Mit anderen stärkeren Kalklichtlampen oder Bogenlampen wurden keine Versuche angestellt, denn sie standen uns nicht zur Verfügung.

Die Synchronisierung der vorher beschriebenen Apparate geschah mit der schon erwähnten „Dunkelfleck-Anordnung“, die Korrektion aber mit der Hand. Wir wissen bereits, daß, wenn man in den Weg des Bildes bei der Bildaufnahmevorrichtung gewisse undurchsichtige Stellen einschaltet, diese auf dem Schirm der Reproduktionsstation auf derselben Stelle als Schattenflecke erscheinen werden, solange beide Vorrichtungen synchron laufen. Beim Eintreten des Asynchronismus gelangen diese Flecke an andere Stellen des Schirmes, was auch mit dem Auge sofort bemerkbar ist. Um den Synchronismus wieder herzustellen, hat man nun dafür Sorge zu tragen, daß die Projektionsvorrichtung der Reproduktionsstation so lange zeitlich zurückbleibt, bis die Wirkung der Projektionsvorrichtung sie in der Phase einholt. Aus diesem Grunde betreibt die La Cour'sche Scheibe auf der Reproduktionsstation nicht unmittelbar die den Spiegel in Schwingung haltende Exzenterscheibe, noch die den Oszillographenspiegel bewegende Unterbrecherscheibe, sondern treibt dieselbe durch die in Figur 65 sichtbare elektromagnetische Achsenkuppelung an. Der Elektromagnet derselben kann durch einen mittels eines Gleitkontaktwiderstandes genau einstellbaren Strom gespeist werden, sodaß mit derselben jede Kuppelung von der festesten angefangen bis zum gänzlichen Loslassen, in den feinsten Abstufungen des Schlüpfens, hergestellt werden konnte.

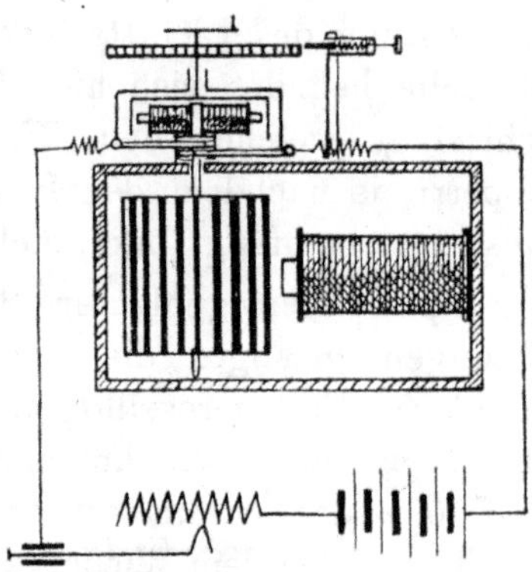

Fig. 65
Elektromagnetische Achsenkuppelung für den Spiegel.

Durch diesen ersten verwirklichten „Telehor“ gelang es nun wirklich, einige einfache, geometrische Figuren, Buchstaben und Zahlen auf der Reproduktionsstation durch Vermittlung von zwei Drähten sichtbar zu machen. Man mußte hierzu allerdings vollkommen weiße auf schwarzes Papier geklebte Figuren vor das Objektiv halten und dieselben mit einer normalen Projektionslampe aus wenigstens 4 m Entfernung beleuchten. Die Notwendigkeit der künstlichen Beleuchtung überraschte mich zuerst, nachdem die Selenzelle ja bei viel größeren Frequenzen und reflektiertem diffusen Zimmerlichte gut registrierbare Bildströme lieferte, aber wir entdeckten bald, daß von der lichtschwachen Linse des Bildzerlegers und von der komplizierten Optik die zu großen optischen Verluste herrührten. Das Lichtrelais der Reproduktionsstation arbeitete in diesem Falle mit einem zweiröhrigen Röhrenrelais.

f) Erstes „Telehor“.

Der erste Schritt war erreicht: obzwar noch sehr primitiv, war es dennoch gelungen, das von der Bildaufnahmestation aufgenommene Bild auf dem Schirme der Wiedergabestation sichtbar zu machen und zwar durch nur zwei Leitungen. Dies war, obgleich sehr primitiv, doch schon ein Fernsehen und spornte zur Erreichung besserer Ergebnisse an.

Unser erster Gedanke war, die Anordnung des obigen Apparates zu verbessern und zwar durch sorgfältigere optische Konstruktion, durch lichtstärkere Objektive, genaueren Mechanismus, aber ich entsagte rasch diesem Gedanken, denn eine neue Idee brachte eine bedeutende Vereinfachung des ganzen Apparates.

Zu dieser Zeit mußte ich nämlich für andere Zwecke den Oszillographen meines Typs mit sogenannten „Auseinanderziehspiegeln“ versehen, um die graphische Betrachtung des registrierten Stromes sichtbar zu machen. Dabei kam mir der Gedanke, daß durch Seitenschwingung der Oszillographentraverse der Oszillographenspiegel selbst auch das Auseinanderziehen in der anderen Koordinatenrichtung bewerkstelligen könnte*. Diese Versuche haben aber eine wesentliche Vereinfachung in dem Mechanismus des Telehors ermöglicht, wobei das ganze Zerlegen und die ganze Synthese des Bildes durch einen einzigen Spiegel eines einzigen Oszillographen bewerkstelligt wird.

Figur 66 zeigt schematisch dieses neuere Telehormodell. Das Objektiv *a* projiziert das Bild nicht auf eine Mattscheibe, sondern auf die an deren Stelle angebrachte Linse *b*, welche das Bild auf eine sehr kleine Fläche zusammenzieht und es so auf den Spiegel *d* des Oszillographen *c* wirft. Das Lichtbündel wird vom Spiegel *d* in einen Winkel von 90^0 auf die Fläche des Diaphragma *e* reflektiert,

---

*) Es ist zwar richtig, daß dies nur durch eine Hilfsvorrichtung zu erreichen war, denn wenn man die Traverse z. B. durch eine Exzenterscheibe in Schwingung hält, würde sie sich mit veränderlicher (und zwar nach einer Sinuskurve sich ändernder) Winkelgeschwindigkeit bewegen und eben deshalb würde die Stromkurve falsch dargestellt werden und Messungen wären auf diese Art nicht durchführbar. Aber später wurde auch dies in der Weise erreicht, daß zum Spiegel parallel eine durch einen Stimmgabelunterbrecher betriebene zweite Schleife und auf derselben ein zweiter Spiegel auch die Zeitverlaufskurve neben der charakteristischen Kurve aufzeichnete.

wo das Bild sich nochmals abbildet. Nachdem das ganze Bild den Spiegel des Oszillographen passierte, ist es klar, daß man durch entsprechende Bewegung desselben die Bewegung des Bildes in jeder Richtung erreichen kann. Wenn man nun die Oszillographenschleife nach Durchleitung von schnellen Wechselströmen zu Schwingungen anregt, wird der Spiegel das Bild über der punktförmigen Oeffnung des Diaphragmas *e* sehr rasch auf- und abbewegen, aber es wird immer derselbe Streifen über dieselbe gelangen. Wenn man nun

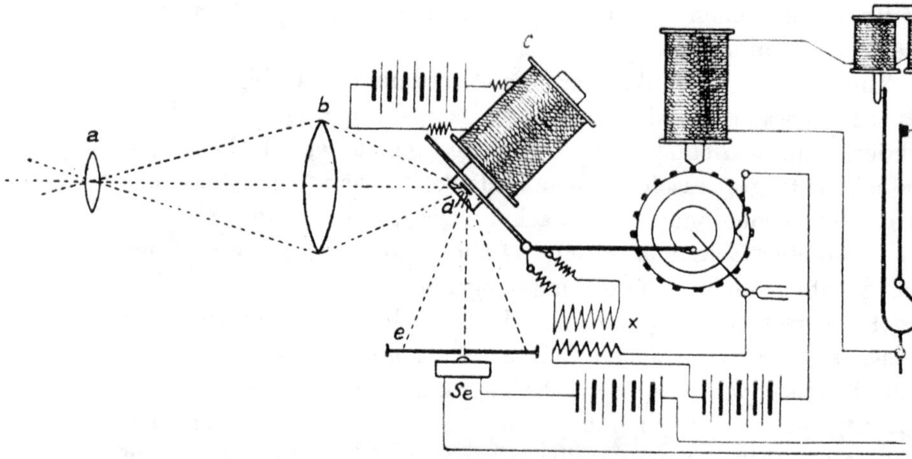

Fig. 66. Neueres Telehormodell.

dafür sorgt, daß während jeder Auf- und Abwärtsbewegung das Bild auch immer soviel sich seitwärts bewegt um den Betrag der Diaphragmaöffnung, z. B. dadurch, daß man den Spiegel bezw. die Schleife tragende Traverse zu seitlich langsamen Schwingungen anstößt, so kann man es erreichen, daß das ganze Bild nacheinander in vertikale Streifen zerlegt über der Diaphragmaöffnung (also über der Selenzelle) entlang geführt wird. Theoretisch sind die Linien keine nebeneinander liegenden Streifen, sondern eine Sinuskurve von großer Amplitude und kleiner Wellenlänge, wobei die Höhe der Sinuslinie größer ist, als die Wellenlänge. Damit ausgelassene, leere Stellen wegen der Unregelmäßigkeit der Seitenbewegung nicht vorkommen, muß die Vertikalbewegung so rasch vor sich gehen, daß in der Bahn, wo die Seitenbewegung des Lichtstrahles am größten ist, die erstere während einer Auf- und Abwärtsbewegung nicht mehr als zwei Linienbreiten betragen. Dies bedeutet natürlich, daß an den Rändern jedes Bildelement mehrfach abgestreift wird, was aber keinen Nachteil darstellt, denn auf der Wiedergabestation ist die Führung der optischen Achse die gleiche.

Das Schwingen der Traverse bewirkt bei diesem Apparate eine La Cour'sche Scheibe, welche von einem Stimmgabelunterbrecher niederer Frequenz betrieben wird. Der zum Betriebe der Oszillographenscheibe bezw. Oszillographenspiegels nötige Wechselstrom hoher Frequenz wird in der Sekundärspule des Transformators *x* dadurch hervorgerufen, daß der Stromkreis der Primärspule durch einen von der La Cour'schen Scheibe betriebenen Kommutator

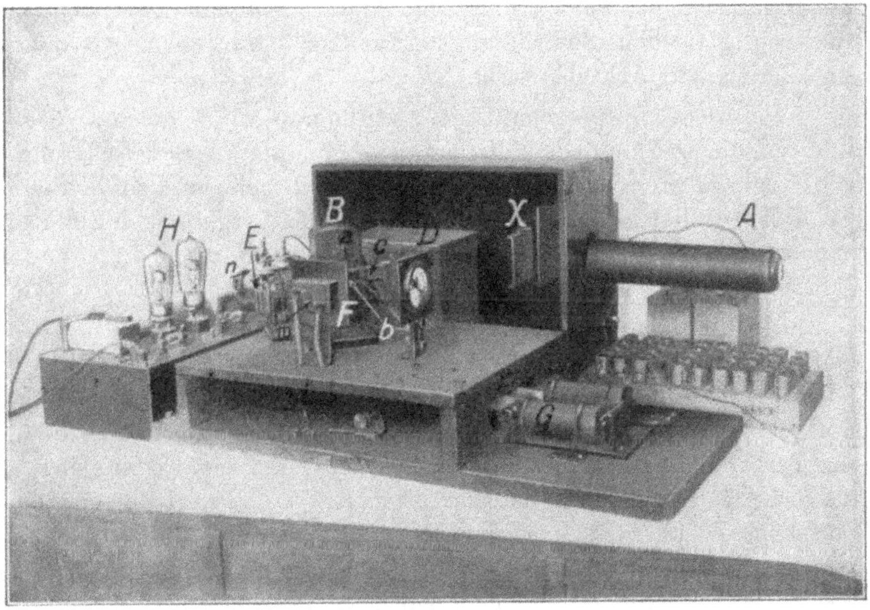

Fig. 67. Aufnahmestation des „Telehors" nach D. v. Mihály.

unterbrochen wird. Auch hier wird ebenso, wie bei dem ersten Typus, die Verbindung des Kommutators und des, die Traverse bewegenden Exzenters mit der diese in Drehung versetzenden La Cour'schen Scheibe durch eine elektromagnetische Achsenkuppelung bewerkstelligt, deren Kuppelungsfestigkeit durch Verstärkung oder Schwächung des Speisestroms nach Belieben verändert werden kann.

Die photographische Wiedergabe der Aufnahmestation, des ersten nach obigem Typus verfertigten Telehors zeigt Fig. 67, welche bei geöffneter Vorrichtung aufgenommen wurde. *A* ist das, in ein langes einstellbares Rohrstück eingesetzte Objektiv, welches das aufgenommene Bild auf die regulierbare Linse *D* wirft. Das aufzunehmende Bild wird unter gewöhnlichen Umständen durch den Spiegelreflexsucher *X* scharf eingestellt.

Die Linse *D* wirft das Bild, dasselbe zusammenziehend, auf den Spiegel *b* des Oszillographen *B*, wobei der Spiegel auf die von der Traverse *C* gehaltene Schleife aufgeklebt ist. Die Traverse *C* wird zwischen den Schraubenspitzen *a* durch das La Cour'sche Rad *E* in Schwingung gehalten, welches den gleichmäßigen Wechselstrom von dem Stimmgabelunterbrecher *G* erhält. Die oberhalb des La Cour'schen Rades sichtbare Scheibe *n* ist der kommutatorartige Unterbrecher, welcher die nötigen Unterbrechungen zu schnellen vor sich gehenden Schwingungen des Oszillographenspiegels um eine horizontale Achse bewirkt.

Von dem Spiegelchen *b* des Oszillographen *B* gelangt das Bild auf die Oeffnung des Diaphragmas *F*, hinter dessen Oeffnung von regulierbarer Größe die Selenzelle in einem lichtdichten Gehäuse montiert ist. Die von der Selenzelle hervorgerufenen Stromimpulse werden durch ein Zweiröhrenrelais in die Fernleitung geführt.

Die Reproduktionsstation ist in Figur 68 abgebildet. Die anlangenden Bildströme werden durch das zweiröhrige Elektronenrelais *M* verstärkt in den Oszillographen *N* geführt, auf dessen Spiegel die Projektionslampe *S* mittels des Objektivs *R* durch den regulierbaren Spalt *P* hindurch einen scharfen Lichtstreifen wirft, welchen der Spiegel auf das mit einem keilförmigen Lichtspalt *O* versehene Diaphragma zurückwirft und zwar so, daß der Lichtstreifen im Ruhestande des Oszillographen vor die Spitze des Keilspaltes fällt, aber diesen nicht durchdringt. Wenn der Oszillograph Bildströme erhält, so wird der Relaisspiegel aus der Ruhestellung je nach der Stärke der Bildstromimpulse abgelenkt und das von dem Spiegel reflektierte Lichtbündel durchdringt den Keilspalt an kleineren oder größeren Querschnittstellen und wirft stärkeres oder schwächeres Licht auf den ihm gegenüber liegenden Spiegel des Oszillographen *Y*. Dieser Spiegel vollführt, wie wir wissen, ebenso wie auf der Aufgabestation, Schwingungen längs zweier senkrecht aufeinanderstehender Richtungen, und der reflektierte Strahl streift den Schirm *V* in einer sehr dichten Sinuskurve ab, indem er verschwindet, schwächer oder stärker aufblitzt, je nachdem, ob die Selenzelle der Bildaufgabestation an dieser Stelle der Bildebene des übermittelten Bildes ein Bildelement von schwächerer oder stärkerer Lichtintensität wahrnimmt.

Vor dem Oszillographen sehen wir hier die La Cour'sche Vorrichtung und darauf den Hochfrequenzenunterbrecher *T*. Diese Vorrichtung bedeutet gegenüber dem ersten Telehor insofern einen Fortschritt, als das zu übertragende Objekt hier keine künstliche Beleuchtung mehr beansprucht, besonders deshalb nicht, weil die Optik des Apparates bedeutend einfacher ist. Obzwar der Apparat in seiner derzeitigen Gestalt ziemlich groß ist, ist die Ursache

Fig. 68. Reproduktionsstation des „Telehors" von D. v. Mihály.

hierfür nur darin zu suchen, daß bei seiner Herstellung nur vorhandene Bestandteile verwendet wurden. Nach der Konstruktion des neuen Apparates kann der ganze Apparat in sämtlichen Dimensionen auf ca. den vierten Teil reduziert werden, um so mehr, da alsdann der Mechanismus nicht mittels vorhandener Bestandteile konstruiert wird, sondern es werden hierzu besondere Linsen geschliffen, was in Budapest leider nicht erreichbar ist.

Die beschriebene Vorrichtung bedeutet also den Abschluß des Fernsehproblems, wenn auch noch zu lösende Fragen geblieben sind, diese haben aber einen eher konstruktiven Charakter. Die dringendste Frage ist die einer entsprechenden Lichtquelle, welche der Reproduktionsstation die zur Projektion nötige punktförmige Lichtquelle liefern würde. Wie ich schon oben erwähnte, konnten in dieser Richtung bei den zu Gebote stehenden bescheidenen Mitteln in Budapest kaum Versuche vorgenommen werden; es ist aber zweifellos, daß eine dem Zweck entsprechend durchkonstruierte Nernstlampe, Fokuslampe oder dergleichen, die Benützung der unbequemen Kalklichtlampe vermeidbar machen wird. Mit der Lösung dieser Frage ist auch die Verdichtung der Bildelemente und die Vergrößerung der Bildfläche ohne weiteres ermöglicht.

D. Projekt des neuesten Telehors.

Den Plan der neuesten und in ihren Details bereits durch Versuche analysierten Vorrichtung zeigt schematisch Figur 69. Das Objektiv *A* wirft das Bild des Gegenstandes auf die Linse *B*, welche dessen Strahlen wieder zusammenführend als verkleinertes Bild auf den Spiegel *E* des Oszillographen weiterleitet. Das Aufsuchen bezw. die „scharfe Einstellung" des Bildes kann mittels einer Spiegelreflexanordnung geschehen, und zwar derart, daß man den mit *11* bezeichneten Spiegel in die punktierte Lage bringt. In dieser Lage fällt das Bild auf die Mattscheibe *12* und das Objektiv ist scharf einstellbar.

Die durch das Spiegelchen *E* um 90° zurückgeworfenen Strahlen des Bildes divergieren und das Bild entsteht wieder in seiner ganzen Größe auf dem Diaphragma *F*, hinter dessen in der Mitte befindlichen Oeffnung *G* von regulierbarer Größe die Selenzelle *I* sich in einem lichtdichten Gehäuse *H* befindet.

Das Bewegen des Bildes auf der Selenzelle geschieht in schon bekannter Weise. Es wird durch das Bewegen des Spiegelchens *E* um zwei Koordinatenachsen so erzeugt, daß einesteils die Traverse *C* des Oszillographen um eine vertikale Achse hin und her bewegt wird und zwar durch einen Exzenter *T* der durch den Elektromagneten *Y* betriebenen La Cour'schen Scheibe *U*, während die um eine horizontale Achse vor sich gehenden Schwingungen großer Frequenz die Schleife des Oszillographen selbst vollführt und zwar unter dem Einfluß des von dem Transformator *Z* ihr zugeführten hochfrequenten Wechselstroms. Dieser wird, wie wir wissen, dadurch erzeugt, daß der Primärstromkreis des Transformators durch einen auf der La Cour'schen Scheibe befestigten kommutatorartigen Unterbrecher *U* geschlossen und geöffnet wird. Den zum Betriebe der Scheibe benötigten, gleichförmig unterbrochenen Gleichstrom liefert der Stimmgabelunterbrecher *X*.

Neben dem lichtempfindlichen Organ sehen wir bei dieser Konstruktion eine Hilfsanordnung; das ist die durchlöcherte Scheibe *L*

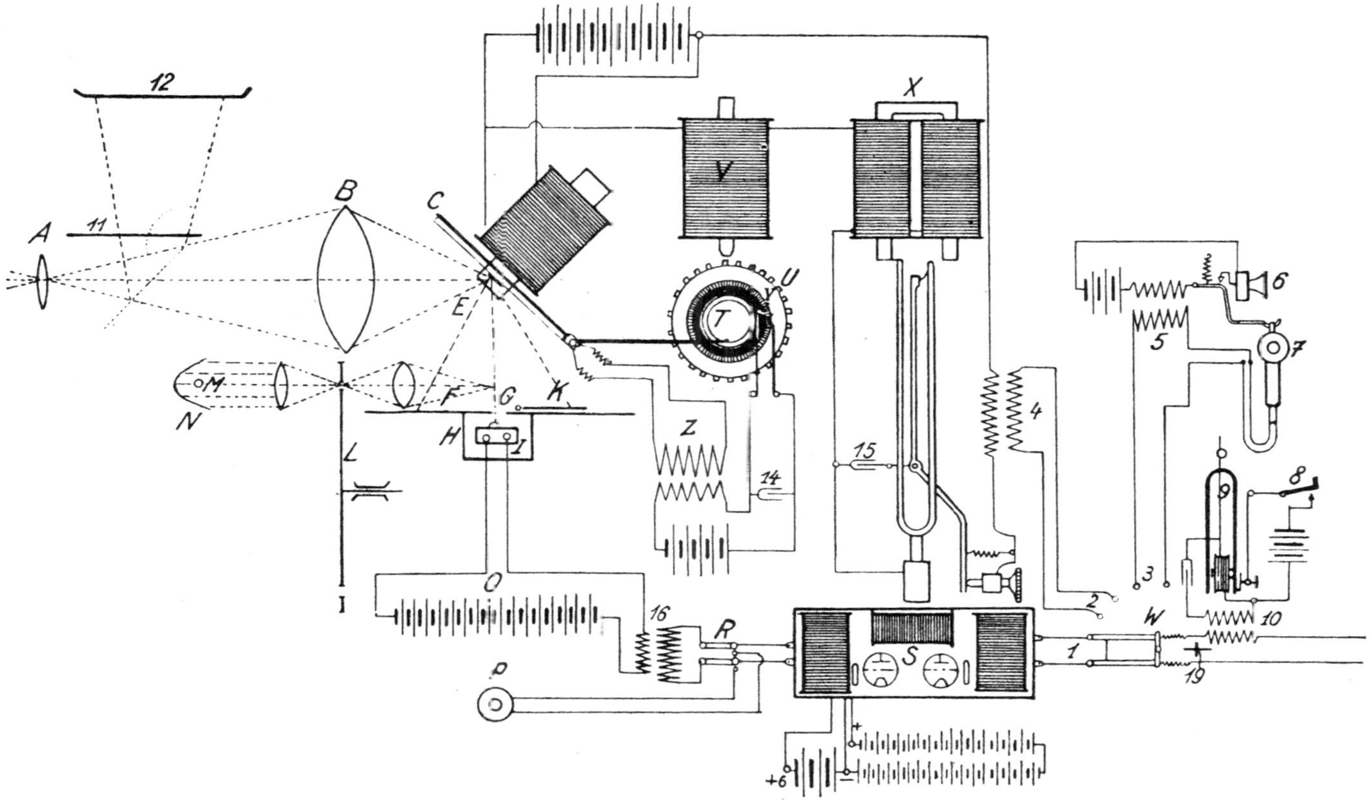

Fig. 69. Neuestes Telehormodell von D. v. Mihály (Sender).

(das phonische Rad), welche das durch den parabolischen Spiegel *N* projizierte Licht des Lämpchens *M* unterbricht. Bei Drehung des Spiegels *K* um 135° wird dieser intermittierende Lichtstrahl auf die Selenzelle *I* geworfen, deren Reagieren dadurch feststellbar ist, daß man die sekundäre Spule des Transformators *16* durch Umstellen des Schalters *R* an das Telephon *P* schaltet. Wenn man von dem Funktionieren der Zelle sich überzeugt hat, wird der Spiegel *K* wieder in die Anfangsstellung zurückgedreht und der Schalter *R* kann, in seine normale Lage zurückgestellt, nun wieder die „Bildströme“ durch das zweiröhrige Elektronenrelais *S* und den zweiarmigen Schalter *W* hindurch in die Fernleitung oder in den „Geber“ der mit ungedämpften Schwingungen arbeitenden Radiostation leiten.

Der Schalter *W* hat übrigens dreierlei mit *1*, *2*, *3* bezeichnete Schaltstellungen. Die erste schaltet die Bildvermittlung, die zweite nur den Stimmgabelunterbrecher separat, die dritte eine Telephonvorrichtung in die Linie, welche bei Betätigung der Vorrichtung besprochen wird.

Auf der Reproduktionsstation (siehe Fig. 70) gelangen die Bildströme durch den Schalter *W* und den Zweiröhren-Verstärker *A* in den Oszillographen *B* (Lichtrelais), d. h. in dessen Schleife. Auf der Schleife ist das Spiegelchen *E* befestigt, dessen Ablenkungen die Pulsation der Bildströme wiedergibt. Das Spiegelchen ist mit einer Lichtquelle *C* und einem regulierbaren Lichtspalt *D* — mit einer sogenannten Spaltbeleuchtung — versehen, somit reflektiert das Spiegelchen *E* einen intensiven Lichtstreifen neben die Oeffnung des ebenfalls regulierbaren Spaltes der Diaphragmawand *F*. Je nachdem wie stark die Bildstromimpulse sind, verändert sich die Ablenkung des Spiegelchens *E* und somit auch die durch das Diaphragma *F* hindurchgelangende Lichtmenge. Diesen Lichtstreifen veränderlicher Größe sammelt die Zylinderlinse *G* und wirft einen Lichtstrahl von veränderlicher Intensität auf das Spiegelchen des Oszillographen *H*, welcher seinerseits den Lichtstrahl auf die Mattscheibe *I* werfend, den Strahl entlang zweier Koordinaten in derselben Bewegung hält, wie die Sendestation das Bild über der Selenzelle bewegt. Die zum Betriebe dieses Oszillographen benötigte Vorrichtung ist dieselbe, wie die entsprechende Vorrichtung auf der Aufgabestation. Die Traverse bewegt die La Cour'sche Scheibe hin und her, und den zur Schwingung der Schleife benötigten Strom liefert der Kommutator hoher Frequenz *L*. Dieser Kommutator

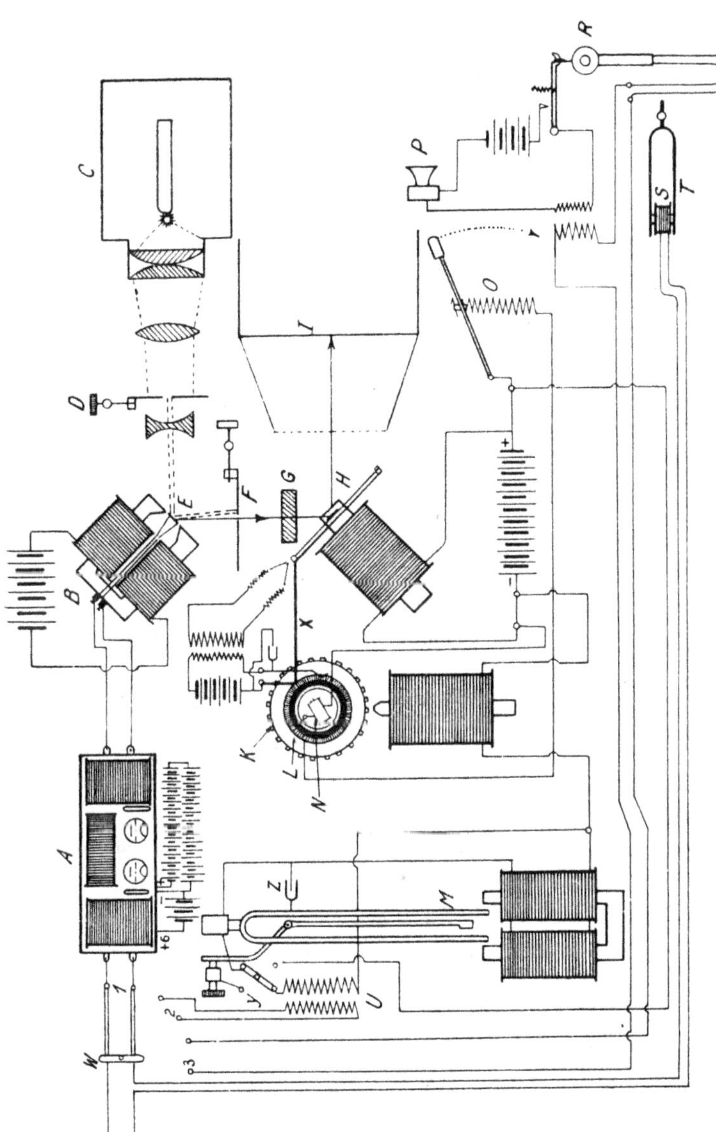

Fig. 70. Neues Telehormodell von D. v. Mihály (Empfänger, Reproduktionsstation).

und die Exzenterscheibe sind aber hier nicht fest mit der Scheibe *K* verbunden, sondern die Kuppelung hält die magnetische Achsenkuppelung *N* aufrecht. Die Stärke des Magneten kann man durch den Arm des auf der Beobachtungsstelle befindlichen Regulierwiderstandes *O* vergrößern oder verkleinern.

Auch auf der Reproduktionsstation ist die Telephoneinrichtung *R-P* zu finden, aber wir sehen auch eine Stimmgabel, welche mit keinem Unterbrecher versehen ist, sondern deren zwischen den Schenkeln befindliche Spule ständig an die Fernleitung angeschaltet ist.

Bei dem Betriebsstimmgabel-Unterbrecher sehen wir einen Transformator und daneben den Schalter *Y*. Durch diesen Schalter kann man erreichen, daß der Stimmgabelunterbrecher entweder auf den Lokalstromkreis, oder unter Vermittlung des Transformators auf die Fernleitung geschaltet wird, was ebenfalls bei dem Anlassen des Apparates eine Bedeutung hat.

Das Bild wird nun auf folgende Weise „abgegeben“:

Die Sendestation stellt das zu übermittelnde Bild mittels des Spiegelreflexsuchers *11* auf der Mattscheibe *12* scharf ein, dann läßt er das Bild nach Zurückdrehung des Spiegels auf den Zerleger-Oszillographenspiegel fallen. Bevor das Telegraphieren anfängt, versichert man sich, daß die Zelle in Ordnung ist, zu welchem Zwecke man mittels des Spiegels das durch die Scheibe *L* unterbrochene Licht der Lichtquelle *M* auf die Selenzelle fallen läßt, den Telephonhörer *P* durch den Schalter *R* auf die Zelle schaltet und dann die Zelle „abhorcht“. Nachdem dies geschehen, wird die Reproduktions-Station „aufgerufen“, was durch Niederdrücken des Schalttasters *8* geschieht, welcher den neben der Telephonvorrichtung sichtbaren Stimmgabelunterbrecher in Tätigkeit versetzt. Das Aufrufen geschieht deshalb nicht mittels einer Klingel, damit auch später während des Betriebes Zeichen gewechselt werden können, da solche Stimmgabelunterbrecher nur bei Wechselströmen mit bestimmter Frequenz in Betrieb kommen. Wenn die Bildgeberstation noch telephonische Mitteilungen zu machen hat, ist das Zeichen ein doppeltes. Die Reproduktions-Station stellt auf das Zeichen die Lichtquelle in Bereitschaft und dreht den Schalter *W*, wenn keine telephonische Mitteilung erfolgt, in die Stellung *2* und den Schalter *V* in die Stellung, bei welcher die Spulen des Betriebs-Stimmgabelunterbrechers mit dem Transformator *U* verbunden sind. Wenn sie damit fertig ist, gibt sie das Aufrufungszeichen zurück.

Die Aufgabestation schaltet hierauf den Stimmgabelunterbrecher X ein und, indem sie den Schalter W in die Stellung 2 dreht, übermittelt sie die dem Transformator 4 entnommenen Frequenzen durch die Fernleitung und durch den Transformator U der Reproduktionsstation hindurch an den Stimmgabelunterbrecher M, worauf auch dieser in Bewegung gerät. Sobald das Summen des Stimmgabelunterbrechers bemerkt wird, wird dieser mittels des Schalters Y auf seinen Lokalstrom geschaltet, und dies wird mit dem zeichengebenden Stimmgabelunterbrecher zurückgemeldet. Eben deshalb ist es wichtig, daß die Zeichengabe mit Stimmgabelunterbrechern geschieht, da so die Ströme verschiedener Frequenz einander nicht stören können. Durch solches Anlassen der Betriebs-Stimmgabelunterbrecher wird erreicht, daß die Stimmgabelunterbrecher beider Stationen in derselben Phase arbeiten. Nachdem die Stimmgabelunterbrecher arbeiten, werden auf beiden Stationen die La Cour'schen Scheiben in Tätigkeit gesetzt, was durch „in Phase bringen" der Scheiben mittels ihrer kleinen elektrischen Servomotore geschieht. Der Beobachter stellt sich nun auf der Reproduktionsstation vor den Schirm I, wo er zwischen chaotischen Lichtflecken drei oder mehrere gleich große schwarze Flecke von regulären Formkreisen sieht, also die zu beobachtenden Synchronisierungsflecke. Jetzt muß man den Arm des Widerstandes so lange drehen, bis die drei Flecke auf dem Schirm auf die mit phosphoreszierender Farbe umrandeten Stellen gelangen, und in demselben Moment erscheint das übermittelte Bild. Wenn während des Betriebes eine Störung sich einstellt, so gibt das die Reproduktionsstation der Aufgabestation mittels des Stimmgabelunterbrecher-Zeichengebers mit vereinbarten Zeichen wieder kund.

4. NACHTRAG.

A. Neuere Erwägungen und Versuche zur Feststellung der beim Fernsehen erforderlichen Frequenzen.

In den ersten Kapiteln, die bei Besprechung der Teilprobleme des Fernsehens (Seite 17, Forderung 25 000 Bildeindrücke pro Sekunde zu übertragen, aber auch an anderen Stellen) war der Grund all unserer Ueberlegungen die Annahme, daß die Trägheitsdauer des menschlichen Auges $^1/_8$ Sekunde beträgt, d. h. das menschliche Auge bewahrt die Lichteindrücke $^1/_8$ Sekunde lang auf. Wir glauben also nur diejenigen Lichterscheinungen auf einmal zu sehen, die innerhalb dieses Zeitraumes vor unserem Auge erscheinen.

Ausgehend hievon, nahmen wir die notwendige Geschwindigkeit der Uebertragung mit $^1/_{10}$ Sekunde an. Wenn wir nun mit nur einen Quadratmillimeter großen Bildelementen rechnen — die allerdings noch als ziemlich grobe Bildelemente zu betrachten sind —, und nur ein 5×5 cm großes Bild übertragen wollen, so bedeutet dies pro Bild 50×50 = 2500 Bildelemente, welche in jeder Sekunde zehnmal befördert, die Weiterleitung von 25 000 Bildelementen in der Sekunde bedeuten. Wollen wir ein 10×10 cm großes Bild übertragen, so bedeutet das bei einer Bildzerlegung 10 000 Bildelemente, d. h. die Uebertragung von 10×10 000 = 100 000 Bildelementen in der Sekunde.

Diese große Zahl der Bildelemente, die man in jeder Sekunde übertragen muß, verursacht beim Fernsehen die größte Schwierigkeit. Ein jedes Bildelement löst elektrische Veränderungen aus. Die Zahl dieser elektrischen Veränderungen wäre 100 000 in der Sekunde. Die Leistung dieser Frequenz ist nicht nur für das lichtregistrierende Organ schwer, sondern auch bei der Uebertragung verursacht diese Frequenz gewaltige Schwierigkeiten. Für die normale Leitung (Telephondraht) ist schon die Vermittlung der Sprach- bzw. Tonströme schwierig, trotzdem, daß dabei die Frequenz in der Sekunde die Zahl von 10 000 selten übersteigt. Darum kommt zur Uebermittlung von Stromstößen mit solcher Frequenzzahl bei größerer

Entfernung nur die Radioübertragung mit kurzen Wellen oder aber die Hochfrequenztelephonie in Frage.

Die Uebertragungsorgane verlangen natürlich besonders bei der Uebertragung auf größere Entfernungen Veränderungen, die beim „Senden“ mit größerer Energie, wenn sie auch nicht unüberbrückbar sind, doch beträchtliche Schwierigkeiten verursachen. Die Organe der Lichtregistrierung und diejenigen, die die Stromeindrücke wieder in Lichteindrücke zurückwerten, halten allerdings diese Frequenz bei äußerst sorgsamer und heikler Einstellung und Präparierung noch aus, doch bedeutet diese Frequenz so ziemlich die obere Grenze ihrer Leistungsfähigkeit. Demgegenüber wäre das Resultat einer solchen mit 1 mm^2 großen Bildelementen arbeitenden Fernsehers noch sehr minderwertig. Ein Gesicht oder einen größeren Gegenstand könnte man zwar noch deutlich erkennen, aber schon das Bild einer Landschaft, einer Straße, das aus lauter kleinen Teilen besteht, würde ein sehr verschwommenes Uebertragungsbild ergeben.

Wie schon erwähnt, hat dieser Umstand — die relativ sehr große Frequenz — viele Forscher auf den Gedanken gebracht, die Uebertragung der Bildelemente nicht nacheinander, sondern auf einmal oder gruppenweise vorzunehmen. Die Schwierigkeiten dieser Versuche sahen wir schon in den vorigen Kapiteln. Das System der vielen Leitungen (10 000 Leitungen) ist selbt bei kleinen Entfernungen undurchführbar, die gruppenweise selektive Uebertragung mit verschiedenen Wellenlängen hat zwar heute einige Aussichten, sie würde aber große Spesen und komplizierte Ausführung bedeuten. Der Gedanke, daß man mit Tonresonanzerscheinungen auch Gruppen selektieren soll, ist des öfteren aufgetaucht, doch erst heute nimmt dieser Gedanke praktische Formen an. Zu solchen Separationen, die nach den erwähnten Vorbedingungen praktisch befriedigende Resultate zeitigen würden, könnten sie aber nicht führen.

Das einzige Organ vielleicht, das bei dem Fernseher den weitgehendsten praktischen Erfordernissen genügt, ist der auf Seite 101 beschriebene Bildzerleger- und Bildzusammenstellerapparat, mit dem wir uns noch eingehender beschäftigen werden, und über die mit ihm erzielten praktischen Resultate berichten.

Im Endresultat war also das größte Hindernis des praktischen Fernsehens die außerordentlich kurze Zeit, innerhalb welcher man alle Bildelemente übertragen muß. Dieser Umstand hatte mich veranlaßt, die genauere Feststellung dieses notwendigen Zeitraumes gründlicher zu untersuchen und die bisherigen Daten zu kontrollieren. Zu diesem Zwecke wurde die auf Abbildung 71 sichtbare Einrichtung zusammengestellt.

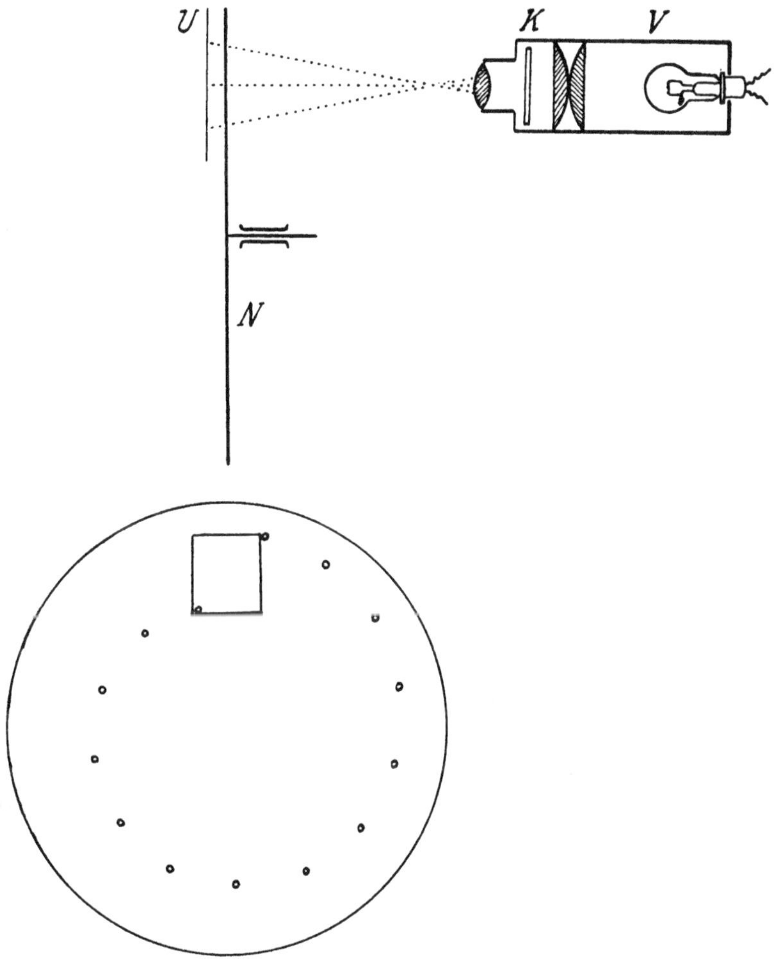

Fig. 71.

Der Projektor *V* projiziert ein durchsichtiges, stehendes Bild gegen den Projektionsschirm *U*. Den Weg der Lichtgarbe des Bildes versperrt aber die drehbare Scheibe *N*, auf deren Platte (siehe die untere Abb.) spiralförmig angeordnete kleine Oeffnungen untergebracht sind, und zwar so, daß immer zwischen zwei nacheinanderfolgenden Oeffnungen eine Entfernung von je einer Bildbreite ist, und eine jede nacheinanderfolgende Oeffnung läßt den Bildstreifen auf einem Streifen in immer anderer Höhe durch. Diese Scheibe kennen wir schon aus dem Nipkow'schen Fernsehprojekt und sie entspricht auch vollkommen unseren Zwecken.

Wenn das projizierte Bild 10×10 cm groß ist und die Oeffnungen der Scheibe über einen Durchmesser von 1 mm verfügen, so wird der auf den „*U*"-Schirm projizierte Bildteil ungefähr den von uns angenommenen minimalen Anforderungen entsprechen.

Der zu untersuchende Umstand war nun, wie oft müssen die Quadratmillimeter großen Bildteilchen nacheinander in jeder Sekunde auf dem *U*-Schirm erscheinen (durchprojiziert werden), damit unser Auge das Bild in seiner Gänze zu sehen meint, d. h. damit wir den Eindruck eines kontinuierlichen Bildes empfinden.

Nach den Feststellungen aller bisherigen Forscher müssen die einzelnen Bildelemente wenigstens achtmal erscheinen. Demgegenüber hatten die Versuche, die mit der obigen Einrichtung durchgeführt wurden, das überraschende Resultat ergeben, daß wir schon bei einer Drehung der Scheibe dreimal in der Sekunde, wenn der *U*-Schirm in einer Dunkelkammer untergebracht ist, ständig das Bild zu sehen glauben. Bei dieser unteren Grenze vibriert zwar ein wenig das Bild, erscheint aber einheitlich. Dieses eigenartige Resultat schien jeder bisherigen Forschung zu widersprechen. Seine wahrscheinliche Erklärung besteht im folgenden: Wenn wir bei der Kinematographen-Projektion ein Bild auf die Stelle eines vorherigen Bildes projizieren, so beginnt die Wahrnehmung des einheitlichen beweglichen Bildes bei Wechseln von acht Bildern in der Sekunde, ein ruhiges Bild stellt sich aber nur beim Projizieren von ca. 16—20 Bildern in der Sekunde ein. Bei der punktartigen Projizierung erwecken aber schon 3—4 Bilder in der Sekunde den Eindruck eines einheitlichen Bildes. Im ersten Falle fällt der Lichtfleck gewöhnlich mit kleinen Veränderungen auf die Stelle eines vorhergehenden Lichtfleckes. Bei den bekannten Projizierungsmethoden des Fernsehens erscheinen die Lichtpünktchen (Bildelemente) im schwarzen Felde serienweise nacheinander, nebeneinander, wie wenn der Lichtpunkt in der Seitenrichtung im schwarzen Felde her- und hinlaufen würde. Das Auge scheint nun dieser Bewegung des Lichtpunktes unbewußt zu folgen. Infolgedessen sind die Sehnerven nicht nur mit der Veränderung des ganzen Bildes, sondern auch mit der B e w e g u n g der das Bild bildenden Lichtpünktchen belastet, ihre Trägheit vergrößert sich also. Eine interessante Bestätigung dieser Resultate finden auch die Forscher, die mit Kinematograph-Apparaten arbeiten, wo es einen sogenannten optischen Ausgleich gibt, wo also die Stelle der Projizierung wandert.

Was auch immer der Grund dieser physiologischen Tatsache sei, ist es zweifellos, daß sie für das Fernsehen von hervorragender Wichtigkeit ist. Diese Tatsache bedeutet nämlich, daß bei der Uebertragung eines Bildes nicht $1/8$ oder $1/10$ Sekunde zur Verfügung steht, sondern ca. $1/3$ Sekunde, d. h. mit anderen Worten in Zahlen ausgedrückt, beim 5×5 cm großen Bilde muß man, wenn die Größe der Bildelemente 1 mm^2 ist, nicht 25 000, sondern nur 7 500 und bei einem 10×10 cm großen Bilde nicht 100 000, sondern nur 30 000 Bildelemente pro Sekunde übermitteln, oder aber, was hiermit gleichbedeutend ist, kann man die Feinheit der Bildelemente auf $1/3$ Quadratmillimeter erhöhen. Und dann wären erst bei einem 5×5 cm großen Bild etwa 25 000, bei einem 10×10 cm großen Bild etwa 100 000 Bildelemente zu übertragen.

Diese bedeutende Verminderung der Frequenz geschah bisher nicht, weil alle bisherigen Konstrukteure von der Annahme ausgingen, daß die Trägheit des menschlichen Auges in allen Fällen $1/8$ Sekunde beträgt.

Interessant ist es auch, daß diese gesteigerte Trägheitserscheinung des Auges um so stärker zur Geltung kommt, je schwärzer der Untergrund des lichtaufnehmenden Schirmes ist, und je schärfer die Stellen der hellen Bildelemente belichtet werden.

Die Resultate der Versuche beweisen auch, daß diese Trägheitserscheinung sich je nach der Farbe der Lichtquelle ändert. Am stärksten ist sie bei der Verwendung von bläulich-weißem Licht.

Bei der Uebertragung des Bildes mit niedriger Frequenz (richtiger gesagt, bei der auf einmal Betrachtung langsam gereihter Bilderelemente), können uns die verschiedenen mit leuchtenden Präparaten bedeckten Projektions-Schirme, — wie dies auch Dr. Friedel vorschlägt —, von großem Nutzen sein. In dieser Richtung unternahm ich auch mit Radium-Präparaten Versuche, mit sogenannten leuchtenden Farben bedeckten Projektionsplatten. Die Zeit der Projizierung des Bildes konnte bis zu 0,6 Sekunden gesteigert werden, trotzdem die Möglichkeiten des Versuches nicht in vollem Maße ausgenützt wurden. Es ist ganz sicher, daß mit diesen Hilfsmitteln noch bedeutende Erleichterungen erreichbar sind. Allerdings ist es wahr, daß diese Art der Erleichterungen der ideellen Lösung gegenüber ein gewisses Kompromiß bedeuten. Solche phosphoreszierende Schirme lösen nämlich Nachlichtwirkungen aus. Wenn auch dieser Umstand der Ruhe des Bildes zum Vorteile gereicht, sind sie bei der Uebertragung von lebenden Bildern zur Folgung der Aenderungen allzu träge, und darum würden sie bei der Uebertragung eines lebenden Bildes störend, verschwommen wirken.

Fig. 72.
Telegraphiertes Bildnis des Herrn Prof. Dr. Korn. Man sieht, daß die Anzahl der Bildelemente verschieden groß ist z. B. an Führungslinie „a" und an Führungslinie „b".

Ein weiterer interessanter und die praktische Verwendung des Fernsehers erleichternder Umstand ist folgendes: Bei unserer zahlenmäßigen Ueberlegung rechneten wir bei der Zerlegung bzw. Zusammenstellung eines 10×10 cm großen Bildes auf 1 mm² große Teilchen mit 10 000 Bildelementen. Diese Zahl wäre in der Praxis nur dann richtig, wenn das Bild aus lauter schachartig zusammengesetzten, regelmäßig nacheinander folgenden schwarzen und weißen Würfelchen bestehen würde. Wenn wir demgegenüber das auf

Figur 72 mit einem Dr. Korn'schen Bildtelegraphen übertragene Bild betrachten, so sehen wir, daß z. B. in der Reihe „*a*" nur 16 Aenderungen und in der Reihe „*b*", wo der Streifen durch die feinen Teile des Bildes geht, nur 29 Aenderungen vorkommen, trotzdem wir theoretisch auf eine jede Zeile ca. 100 Aenderungen berechneten. Dies wäre gleichbedeutend damit, daß die tatsächliche Frequenz in der Praxis nur ¼—⅓ des theoretisch errechneten entspricht. Es ist allerdings wahr, daß die Geschwindigkeit der Aenderungen auch in diesem Falle entsprechend der theoretischen Berechnung geschehen muß, sonst würden nämlich die Uebergangspunkte verschwommen sein, ineinanderlaufen, besonders dort, wo auf einer so großen Fläche wie ein Bildelement z. B. 2—3 Aenderungen sich einstellen. In diesem Punkte besitzt aber der Fernsehapparat gegenüber dem auf dem Film fixierten Bildelemente der Bildtelegraphie, wenigstens was die Impression betrifft, einen großen Vorteil. Der Fernseher übermittelt nämlich lebende Bilder. Es ist eine alte Erfahrung in der Kinotechnik, daß die einzelnen Würfel eines Filmes, der, besonders dort, wo Bewegung photographiert ist, das schärfste Bild ergibt, einzeln, stehend projiziert, für gewöhnlich unscharf wirken, schnell nacheinander projiziert aber den Eindruck eines scharfen lebenden Bildes erwecken. Die Erklärung hierfür ist folgende: Die aufeinander folgenden Bilder ergänzen sich sozusagen für das Auge. Das Auge nimmt einen Gesamteindruck zur Kenntnis, die Fehler des Bildes hierbei korrigierend. Eben darum geben die etwa mit unscharfen Konturen versehenen Bilder des Fernsehers doch eine annehmbare Impression, viel bessere bei gröberen Bildelementen und trotz weniger stark begrenzten Lichtübergängen als die Bildtelegraphie mit ihren feingeteilten, doch am Film f i x i e r t e n Bildern.

Die vorher besprochenen neueren Feststellungen ermöglichen natürlich ganz andere Zusammenstellungsarten als die, welche laut der bisherigen Grundberechnungen möglich waren.

B. Die Bedeutung der Kurzwellensender bei der Bildfernübertragung.

Eine bedeutende Erleichterung der Bildübertragung und die Steigerung der Aussichten bedeuten die Resultate, die man in letzter Zeit mit Radioapparaten mit kurzen Wellen (Kurzwellen-Sendung) erreichte. Einerseits die große Frequenz dieser Sendestationen, andrerseits ihre sehr große Selektivität erleichtern die Bildübertragung, indem sie es ermöglichen, daß man mit nebeneinander untergebrachten Sendern (und Empfängern) auf einmal mehrere Uebertragungen abwickelt, ohne daß dieselben störend aufeinander wirken. Auf diesem Wege ist es heute ohne weiteres möglich, Bildfelder selbst in drei bis vier oder auch in mehrere Teile zu teilen und sowohl auf der Sende- wie auf der Empfangsstation diese Punktgruppen auf einmal zu übertragen, dementsprechend auch die Frequenz der Bildübertragung auf $1/3$ bis $1/4$ zu vermindern.

Die gemeinsamen Kurzwellen-Sendeversuche, die ich mit Dr. Eugen Nesper durchführte, ergaben eine äußerst empfindliche und

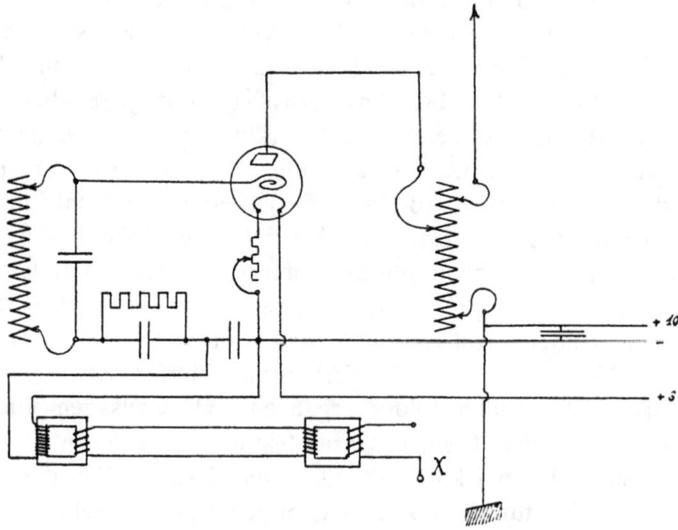

Fig. 73 a. Schaltungsschema des von Mihály-Dr. Nesperschen Kurzwellen-Senders.

für die Zwecke der Bildübertragung besonders geeignete Modulationsmethode.

Abbildung 73 zeigt bei einer kleinen Sendestation, die mit 17 und 35 m Wellenlänge arbeitet, die Einrichtung der neuen Modulationsmethode. Das Bemerkenswerteste bei dieser Schaltung ist, daß das die Beeinflussung vornehmende Organ (z. B. ein Mikrophon) zu den Primär-Spulen eines gewöhnlichen Telephon-Transformators unipolar geschaltet ist, d. h. der Beeinflussungskreis enthält keine Speisebatterie, statt der Batterie ist der Stromkreis (bei „X") unterbrochen. Der erste Transformator übt seine Wirkung auf den „Gitterkreis" durch einen zweiten ebensolchen Transformator aus. Die zwei Transformatoren sind unmittelbar bei den

Effektspulen der Sendestation untergebracht. Der durch die Effektspulen in den Transformatoren hervorgerufene Stromzustand wird durch das Sendeorgan beeinflußt.

Mit dieser neuen Methode wurde eine ganz ungewöhnlich große Empfindlichkeit erzielt. Interessant ist es hierbei zu bemerken, daß, wenn man auch mehrere Sender und Empfänger arbeiten läßt, die Selektivität entsprechend ist.

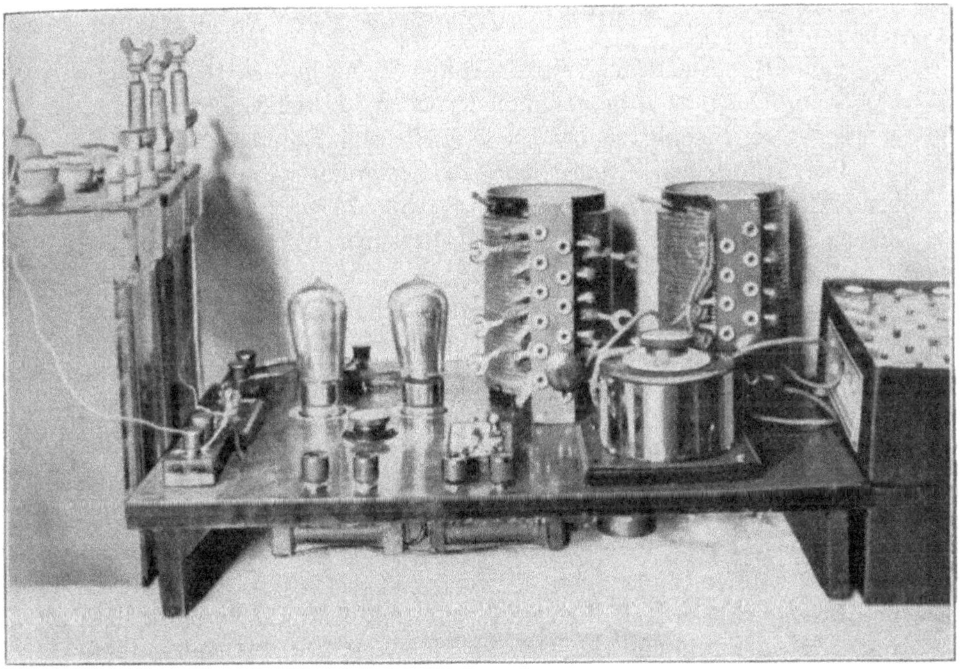

Fig. 73 b. v. Mihály-Dr. Nespersche Kurzwellen-Versuchssender.

C. Die Untersuchung und die praktische Vergleichung der verschiedenen lichtempfindlichen Organe bezüglich des Fernsehens.

Bisher haben wir uns unter den Organen, die zur Lichtwahrnehmung dienen, hauptsächlich mit den Selenzellen befaßt, die übrigen lichtelektrischen Erscheinungen haben wir nur kurz erwähnt. In neuerer Zeit haben die verschiedenen Forscher ihre Aufmerksamkeit, infolge der Trägheit der Selenzelle, immer mehr anderen lichtelektrischen Erscheinungen zugewendet. Die neuerdings erzielten Resultate zeigen aber noch immer keine solche

Verbesserung, die ihre Verwendung zum Zwecke des Fernsehens ermöglicht. Damit wir aber keine der etwa vorhandenen Lösungsmöglichkeiten unbeachtet lassen, werde ich auch über diese Erscheinungen und über die Resultate, die mit ihrer Hilfe erreicht wurden, berichten. Ich möchte aber schon vorweg bemerken, daß all diese lichtelektrischen Erscheinungen — laut meiner eingehenden Versuche bin ich zu dieser Ansicht gekommen, — für die Bildtelegraphie sehr gut zu gebrauchen sind, sich aber für das Fernsehen nicht eignen.

Den Gegenstand der vergleichenden Versuche bildeten folgende Lichtwahrnehmende Organe: 1. Selenzellen, 2. Lichtelektrische Elemente, 3. sogenannte mechanische Zellen, 4. Photozellen.

Die Selenzellen kennen wir schon, darum soll die ungefähre komplette Serie der Selenzellen auf Abb. 74 nur zur Ergänzung dienen. Das Resultat der Selenzellen-Versuche war die Zelle Nr. 14, mit 42 Elektroden pro Millimeter.

Wir möchten hier gleich auf den schon erwähnten Umstand aufmerksam machen, daß beim Fernsehen die Größe der Bildelemente gegeben ist, dieselben dürfen höchstens 1 mm^2 groß sein. Eben darum wurde bei den Messungen ein jedes Organ, so auch die Selenzelle, nur auf 1 mm^2 Oberfläche beleuchtet.

Auch die verschiedenen lichtelektrischen Elemente, deren lange Reihe R. E. Liesegang in seinem Buche „Beiträge zum Problem des elektrischen Fernsehens“ (Liesegang-Verlag, Leipzig 1899) aufzählt, wurden untersucht.

Bekanntlich hatte E. Becquerel schon im Jahre 1839 unmittelbar aus dem Lichte Elektrizität herzustellen versucht. Becquerel entdeckte nämlich, daß, wenn man in ein mit einigen Tropfen Säure versehenes Wasser zwei Metallplatten stellt, wovon die eine beleuchtet ist, so zeigt der zu den Platten geschaltete Galvanometer die Anwesenheit elektrischen Stromes an.

So zum Beispiel, wenn er in einem mit Salpetersäure angesäuerten Wasser zwei Metall-(Messing-)Platten legte und die eine belichtete, so hatte diese Platte gegenüber der anderen einen negativen Pol gegeben. Wenn er aber vorerst dieses Lichtelement in eine andere Batterie schaltete, wodurch die eine Platte schwach oxidiert wurde, arbeitete sie bei der Belichtung als positive Platte.

Wenn er statt Messingplatten silberne Platten benutzte, so wurde die belichtete Platte immer positiv, auch wenn er sie vorher an eine Batterie schaltete.

Fig. 74 a. Verschiedene Selenzellen (1. Zelle von Mercadier, 2. Ruhmer, 3. gravierte Zelle von Liesegang, 4. v. Bronk, 5. v. Bronk, 6. Thyrring, 7—14. von Mihály. Nr. 14 hat 42 Elektroden auf 0,7 mm Breite.)

Wenn er aber Kupferplatten in schwefelsäurigem Kupferoxyd, Zinkplatten in Zinkvitriol, Eisenplatten in Eisenvitriol, Eisen in Eisenchloridlösung, Bleiplatten in Blei-Azetatlösung legte und die eine Platte beleuchtete, so war die beleuchtete Platte immer negativ.

Bei diesen „lichtelektrischen Elementen" entsteht also die elektromotorische Kraft unmittelbar infolge der Lichtwirkung. Diesen Strom nennen wir photoelektrischen Strom.

Becquerel hatte auf dieser Grundlage seinen in der Abb. 75 abgebildeten Photometer konstruiert. Das ist ein 6×6×5 cm großes Glasgefäß, in welchem die Halter A—A¹ die reinen Feinsilberplatten

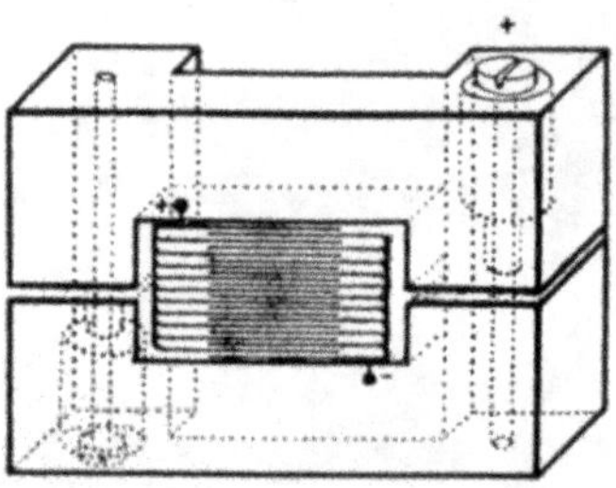

Fig. 74 b. Schematische Abbildung einer v. Mihályschen Zellenunterlage.

Fig. 75. Photometerzelle von Becquerel.

L—L¹ isoliert im Gefäß halten, welches in 100 g Wasser 2 g schwefelsaures Monohydrat enthält.

Das ganze Element ist in einer lichtdichten Kassette M—N—M¹ versperrt, welches nur auf der Vorderseite eine kleine Oeffnung zum Zwecke der Belichtung hat.

Die Silberplatten setzen wir vor ihrer Ingebrauchnehmung Chlor-, Jod- oder Bromdämpfen aus.

Ein ebensolches Lichtelement kann man herstellen — dessen Empfindlichkeit bedeutend größer ist als die des vorhergehenden —, wenn man in ein Glasgefäß, das dünne Säurelösung enthält (1 % Schwefelsäure) eine blanke Platinplatte und hierzu quer eine andere Platinplatte stellt, deren eine Seite mit einer dünnen Selenschicht überzogen ist. Die andere Seite ist durch Lack oder Paraffin isoliert.

Die Herstellung einer Minchin'schen Selenzelle, deren Empfindlichkeit außerordentlich groß ist, geschieht auf folgende Weise:

In die 1 mm große Oeffnung einer Glasröhre ist ein hineinpassender Aluminiumdraht eingeschoben, und zwar so, daß sich die Glasröhre und das Drahtende berühren. Am gemeinsamen Ende wird eine ungefähr 0,3 mm dicke Selenschicht geschmolzen, welche wir nach ihrer Erstarrung wieder bis fast zum Schmelzen erwärmen und mit Daraufblasen dann schnell wieder abkühlen. Das Ende des mit diesem Selen versehenen Rohres versenken wir in ein mit Oenanthol gefülltes Gefäß (Oenanthol = $C_7 H_{14} O$. Eine Flüssigkeit, die bei der trockenen Destillation des Rizinusöles entsteht). Den anderen Pol im Gefäß bildet ein Platindraht.

Wenn wir nun zum Platindraht eine Batterie führen, ihr anderes Ende zu einem Galvanometer — von welchem eine Leitung zu den

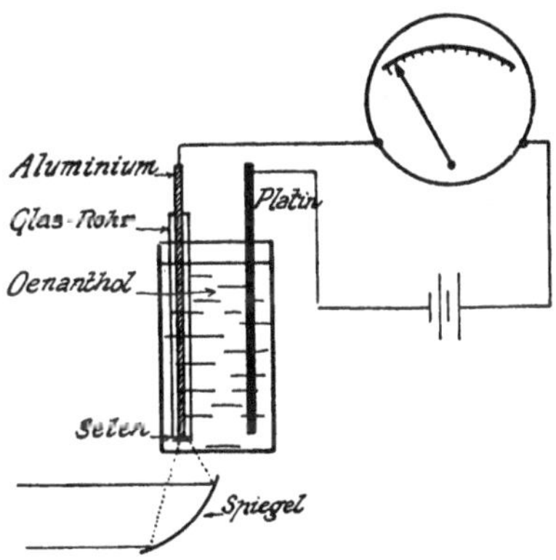

Fig. 76. Minchin'sche Selenzelle.

Aluminiumdrähten führt, zu deren unterem mit Selen eingezogenem Ende wir mit Hilfe eines kleinen Brennspiegels von unten das Licht projizieren — dann haben wir einen unendlich empfindlichen lichtregistrierenden Apparat geschaffen.

Derartige Kombinationen der lichtempfindlichen Elemente gibt es zahlreiche. Im allgemeinen werden sehr gute Empfindlichkeiten mit ihnen erreicht, wenn auch für gewöhnlich ihre Reaktion mit kleineren und größeren Trägheitserscheinungen verbunden ist. Trotzdem besteht die Möglichkeit, eine Zusammenstellung zu finden, die den Trägheitsfaktor bis zu dem in der Praxis erwünschten Maße senkt.

Eine für die Zwecke des Fernsehens weniger in Betracht kommende Erscheinung — welche wir nur der Vollständigkeit halber erwähnen — ist die mechanische Wirkung des Lichtes.

Wenn man nämlich aus irgendeinem Stoff ein sehr dünnes Blättchen (Scheibe oder Diaphragma) scharfen Lichtwirkungen aussetzt, welche schnell unterbrochen werden (in der Sekunde mehrere hundertmal), dann geben diese einen Ton. (Eisen, Wasser, Zink, Blei, Silber, Gold und besonders sehr stark das Hartgummi). Bei Glas- und Kohlenplatten entsteht kein Ton, wenigstens ist er nicht wahrnehmbar.

Diese Erscheinung kommt auch dann zustande, wenn wir z. B. aus Glas Hörtrichter machen, welche in Kugelform enden. Diese Kugeln füllen wir mit verschiedenen Stoffen, so mit Kristallen, Jodkalium, Selen, Schwefelblumen, Ebonit, Holz usw.

Mercadier überzog ein dünnes Glimmerhäutchen mit Ruß und projizierte auf dieses Häutchen die unterbrochenen Lichtstrahlen. Die Anordnung erwies sich als sehr empfindlich.

Hiervon ausgehend, hofften einige diese Anordnung für Fernsehen verwenden zu können, indem sie die Bildelemente auf solche Organe projizierten. Hinter der schwingenden Membrane hatten sie einen Mikrophon-Kontakt oder in Quecksilber-Widerstand sinkende Spitzen mit hohem Widerstand untergebracht, und wollten auf diese Weise Widerstandsänderungen herstellen.

Leider stellte sich aber obige Erscheinung nur beim Intermittieren relativ sehr starker Lichtstrahlen ein. Mercadier behauptet zwar, daß hierzu selbst das Licht einer Petroleumlampe genügt, doch selbst bei den sorgfältigst durchgeführten Versuchen fand ich keine Bestätigung für deren Richtigkeit. Angenommen aber, daß man dies tatsächlich erreichen könnte, so wären die Lichtintensitätsänderungen viele hundertmal so groß, als auf welche beim Fernsehen gerechnet werden kann. Andererseits könnten aber die Membrane bzw. die hinter ihnen untergebrachten Mikrophon-Kontakte der relativ großen Frequenz nicht folgen.

Eine weitere Erscheinung, die vom Lichteindruck abhängt, und welche H. Herz im Jahre 1887 entdeckte, ist, daß die Durchschlagkraft eines elektrischen Funkens sich steigert, wenn wir die Funkenstrecke der Wirkung ultravioletter Strahlen aussetzen, und zwar die Wirkung kommt bei den Kathoden zur Geltung, indem sie dort die negative Elektrizität, wo sie übrigens schon nicht durchgehen würde, auszutreten zwingt. Wenn wir also die Funkspitzen derart voneinander entfernen, daß der Funke bei der gegebenen Spannung nicht mehr durchschlagen kann, so stellt sich der Funke sofort ein, wenn wir den Kathod der Wirkung ultravioletter Strahlen, z. B. einer Quarzlampe, aussetzen.

Mit dieser Erscheinung haben sich außerordentlich viele beschäftigt, so u. a. Righi, Stoletow und besonders Hallwachs.

Stoletow hat auf Grund dieser Erscheinung als erster versucht, eine sogenannte „Photozelle" herzustellen. Er hat parallel mit einer Metallscheibe von 22 cm Durchmesser in 2 mm Entfernung isoliert ein ebenso großes, feines Metallnetz ausgespannt. Den positiven (+) Pol der Batterie B, die aus hundert Elementen besteht, verband er mit dem Netz N. Den negativen Pol der Batterie hatte er mit der Scheibe S verbunden, und zwar so, daß der Galvanometer G da-

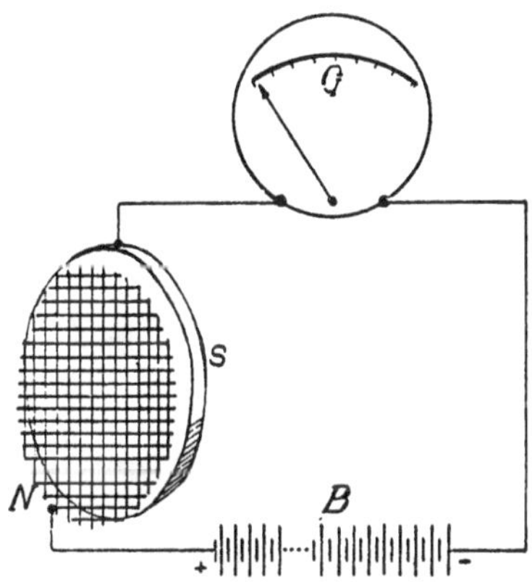

Fig. 77. Stoletow's erste „Photozelle" (S = Metallscheibe, N = Drahtnetz, B = Batterie, G = Galvanometer)

zwischen geschaltet war. Trotzdem das Netz und die Scheibe S durch Luft voneinander isoliert waren, wurde die Nadel des Galvanometers, bei starker Beleuchtung des Netzes, sofort abgelenkt, zeigte Strom.

Wenn das Netz N aus einem positiven Metall, z. B. aus Zink, die Scheibe S aus einem negativen Metall, z. B. versilbertem Kupfer, hergestellt ist, so wird bei Belichtung, ein genug empfindliches Instrument selbst dann Strom anzeigen, wenn man die Batterie B ausschaltet und ihre Stelle ganz einfach kurzschließt.

Die Versuche von Hallwachs, Hoor, Elster und Geitel, von Bichet und Blondot zeigten, welche Umstände die obige Wirkung hervorrufen. Die Qualität des Lichtes hat hierauf Einfluß. Das unmittelbare Sonnenlicht erzeugt diese Wirkung in kleinerem Maße als das Magnesiumlicht. Am stärksten wirkt das elektrische Licht.

Viel hängt auch von dem Stoff der Elektroden ab. Reines Zink, Aluminium, Magnesium entladen sich durch die Wirkung des Sonnenlichtes, wenn sie negative Ladung haben. Eine noch größerer Empfindlichkeit zeigen die Amalgame gewisser Metalle. Der Empfindlichkeit nach ist Kalium das Beste, dann kommt Natrium. Cn. Sn. Quecksilber ist nicht empfindlich, nur das in Quecksilber gelöste Metall kann als Agens betrachtet werden. Die Empfindlichkeitsreihe, die mit der Voltaischen übereinstimmt, ist K, Na (Mg. Al) Zn, Sn. Die übrigen Metalle Cd, Pb, Cu, Fe, Hg, Pt, und die Kohle zeigen keine Lichtempfindlichkeit.

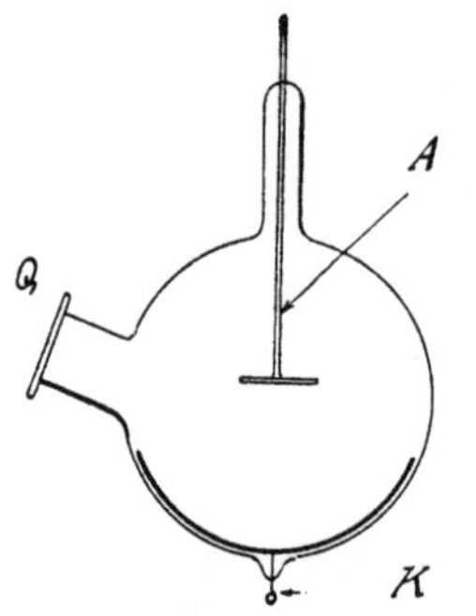

Fig. 78. Eine ursprüngliche Photozelle. Q = Quartz-Fenster, K = Kathode, A = Anode.

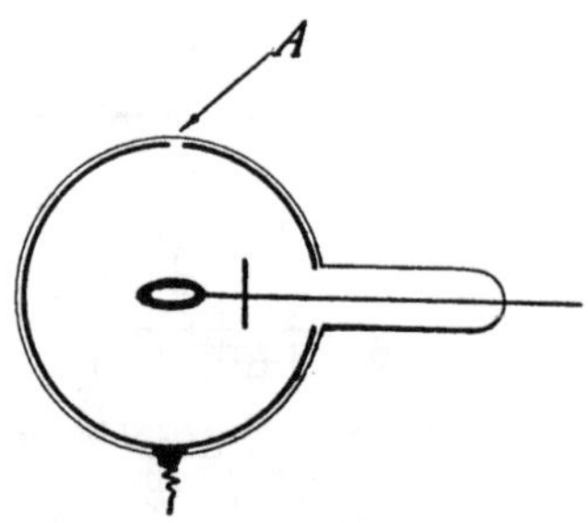

Fig. 79. Photozelle, mit verspiegeltem Glasgefäß und ringförmiger Anode.

Auch die Umgebung, in welcher das Netz und die Scheibe untergebracht sind, ist von Wichtigkeit. So wirkt z. B. auch der in der Luft eines Raumes vorhandene Sauerstoff hemmend.

Aus diesem Grunde sperrt man solche Photozellen in ein geschweißtes Glasgefäß, aus dem die Luft entfernt ist (evakuiert).

Elster und Geitel haben hierzu bei ihren Versuchen das reine Alkali-Metall am geeignetesten gefunden. Der metallischen Kalium-Oberfläche steht eine andere Elektrode gegenüber, die aus Platin oder aus Aluminium hergestellt ist.

Die Abbildung 78 zeigt die allgemein bekannte Photozelle. Die Zelle selber wird aus Glas gemacht, deren eine Verlängerung bei Q mit einem ebenen Quarzfenster versehen ist, welches die ultravioletten Strahlen durchläßt, da es planisch ist, verursacht es keine Brechung. In das Gefäß ist unten der Kontakt der

Kathode *K* eingelötet, dessen in das Gefäß hineinragendes Ende mit der innen niedergeschlagenen Silberschicht in innerer Berührung steht und auf welcher das lichtempfindliche Metall niedergeschlagen ist. Von oben reicht die Aluminium- oder Platinanode *H* hinein. Die Zelle wird nach der Vollendung sorgsam mit Hilfe eines reduzierenden Gases sauerstoffrei gemacht, dann wird sie mit Wasserstoff, Helium, Stickstoff oder mit einem anderen Edelgas gefüllt, das dann wieder herausgepumpt wird, bis zu einem Grade der Dichte, wie es die anderen Umstände erlauben.

Neuerdings wird bei diesen Zellen, damit das ganze in ihnen projizierte Licht in je größerem Maße ausgenutzt werden kann, die ganze Kugeloberfläche mit einem Spiegel und einer lichtempfindlichen Fläche versehen, nur eine kleine Oeffnung wird freigelassen (*A* in der Abbildung 79). Hierdurch erreicht man es, daß das hineinprojizierte Licht durch seine mehrfache Reflexion voll ausgenutzt wird.

Solche und auch ähnliche Photozellen arbeiten praktisch ohne Trägheit. Ihre Stromimpulse sind aber so schwach, daß sie — wie wir es noch sehen werden — wenigstens in ihrer heutigen Form keinesfalls für die Zwecke des Fernsehens, eher für die Bildtelegraphie verwendet werden können.

Zu diesen Untersuchungen haben wir eine spezielle Einrichtung aufgestellt.

Bevor wir ausführlicher die Teile dieser Einrichtung besprechen, müssen wir zu den Bedingungen und auf die Rolle der lichtwahrnehmenden Organe bei der Bildtelegraphie und beim Fernsehen zurückgreifen.

Die Geschwindigkeit der Uebertragung bei der Bildtelegraphie wählen wir sozusagen selber, da ja das Bild auf der Sendestation ein fixierter, photographierter Film ist, der sich inzwischen nicht verändert. Bei der Empfangsstation des Bildtelegraphen werden die sich gruppierenden Lichtpunkte auch auf einem sich langsam drehenden Film gesammelt. Nur praktische Gesichtspunkte bestimmen die Schnelligkeit der Uebertragung, diese kann aber ebenso mehrere Sekunden, wie auch mehrere Minuten lang dauern. Praktisch kommt dieser Umstand nur insofern in Betracht, daß bei schnellerer Uebertragung das Bild weniger Störungen ausgesetzt ist.

Beim Fernsehen ist aber die Zeit der Uebertragung gegeben. Zwei Gründe sind hierfür bestimmend.

Beim Sender ist nämlich das weiterzuleitende Bild jenes Bild, welches das photographische Objektiv auf die Mattscheibe projiziert. Dieses Bild ist seiner Natur nach veränderlich, bewegt sich, gleich der Person oder dem Gegenstande, der aufgenommen wird. Von so einem Bild kann man also sozusagen nur Momentaufnahmen machen. Auf der anderen Seite, beim Empfänger, müssen die Elemente, wiederum gruppiert, in so schneller Reihenfolge nacheinander erscheinen, daß sie für die träge Empfindung unseres Auges noch den Eindruck eines einheitlichen Bildes erwecken. Diese Zeit war bisher mit $1/8$ Sekunde festgestellt. Laut den vorigen Kapiteln kann man aber mit einem Zeitraum von ca. 0,27—0,3 Sekunden rechnen. Allerdings muß zur Erreichung des praktischen Zieles die Zahl der zu übertragenden Bildelemente gegenüber der theoretisch berechneten gesteigert werden. Bei sich bewegenden Bildern begrenzt übrigens schon die Geschwindigkeit der Aenderungen die Zeitdauer der Uebertragung.

Ein anderer wesentlicher und keinesfalls zu vernachlässigender Unterschied zwischen der Bildtelegraphie und dem Fernsehen und so auch zwischen der Leistung des lichtwahrnehmenden Organs besteht darin, daß, wie erinnerlich, bei der Bildtelegraphie die Bildpunkte eines Filmes mit dem konzentrierten Licht einer künstlichen, nach Belieben gewählter Lichtquelle durchgeleuchtet werden, während beim Fernsehen das durch das Objektiv projizierte Bild zu übertragen ist. Hier ist also nicht nur die Lichtstärke, sondern auch die Qualität des Lichtes gegeben, sie zu verstärken oder zu verändern sind wir nicht imstande. Darum muß das lichtwahrnehmende Organ auf viel niedrigere Grenzen und auf bedeutend kleinere Lichtveränderungen noch reagieren können.

Die Einrichtung, die in Abbildung 80 und 81 zu sehen ist, ermöglicht es, den praktischen Erfordernissen gemäß, die Untersuchung der lichtwahrnehmenden Organe sowohl in bezug auf Bildtelegraphie wie auch auf Fernsehen vorzunehmen.

Das lichtwahrnehmende Organ *F* (Selenzelle, Photozelle usw.) wird in der lichtdichten Kassette *C* untergebracht. Gegenüber der einzigen Oeffnung *X* der Kassette ist die Scheibe *T* untergebracht, welche der Motor *M* mit einer sehr großen Drehungszahl dreht. An der Seite der Scheibe *T*, die sich gegen die Oeffnung *X* wendet, ist eihe weiße Zelluloid-Platte untergebracht, auf welcher in unregelmäßiger Reihenfolge in 0,3—0,5—1 mm Entfernung dunklere, hellere

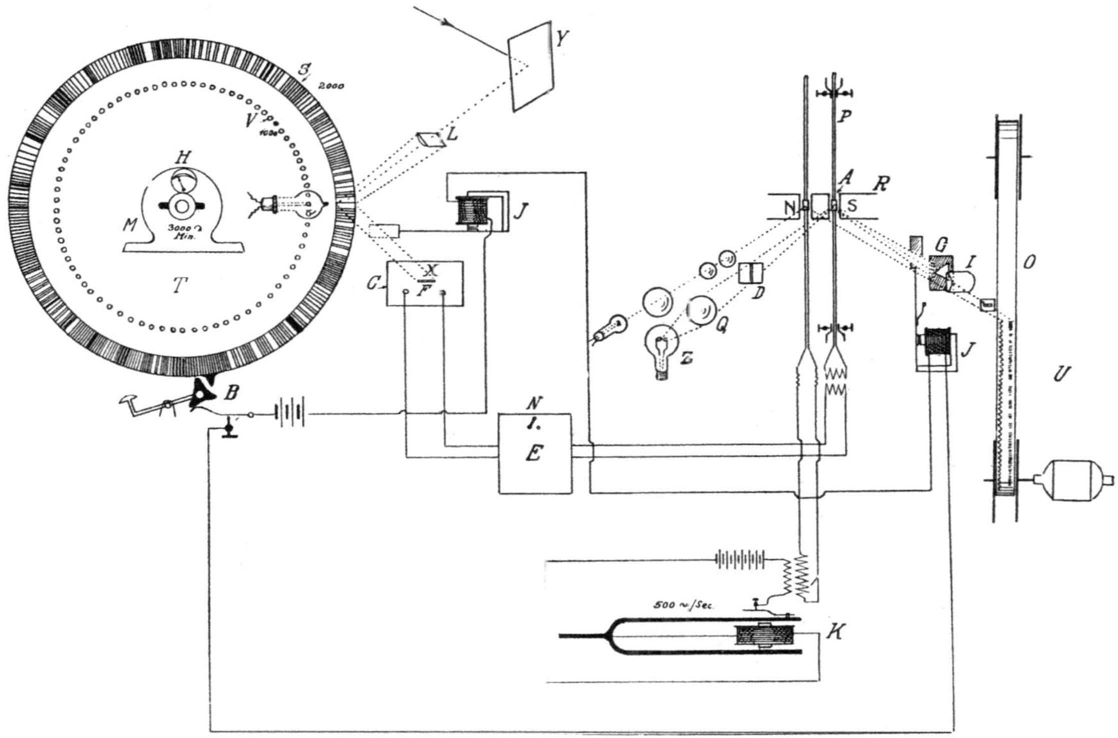

Fig. 80. Versuchsanordnung zur Prüfung der Leistungsfähigkeit verschiedener lichtempfindlicher Organe.

Bleistiftlinien gezeichnet sind. Auf diesen Streifenkranz der Scheibe projiziert die Zylinderlinse *L* das durch die weiße Platte *Y* reflektierte diffuse Sonnenlicht, welches, vom Streifenkranz zurückprojiziert, durch die Oeffnung *X* in die auf Lichtempfindlichkeit zu untersuchende Zelle *F* gelangt. Je nachdem unter der Reflektionsstelle ein dunklerer oder hellerer Streifen des Streifenkranzes abläuft, ist das reflektierte Licht, welches auf die Zelle fällt, stärker oder schwächer. Das Maß der Lichtänderungen entspricht ungefähr den Lichtintensitätsänderungen, die ein lichtwahrnehmendes Organ beim Fernsehapparat enthält. Auf der Scheibe *T* sehen wir außer dem Streifen *S* auch die Oeffnungen *V*. Wenn wir die Zelle *F* durch diese Oeffnungen mit einer künstlichen Lichtquelle (z. B. kleine Glühlampe) beleuchten, so wird diese der Zelle ungefähr die der Bildtelegraphie entsprechenden Lichtintensitätsänderungen übermitteln.

Die zu untersuchende Zelle ist mit einer Batterie und mit dem Verstärker *E* in Reihe geschaltet, welch letzterer mit dem Schalter *N* ausschaltbar ist.

Vom Verstärker E werden die Stromimpulse in die Schleife *P* des äußerst empfindlichen Oszillographen *R* geleitet, welcher die sehr schnellen und sehr feinen Stromänderungen sichtbar am empfindlichsten zu registrieren vermag. Zur Sichtbarmachung und Kontrollierung der Schwingungen des Spiegels *A* projiziert auf den Spiegel *A* die Lampe *Z* mit Hilfe der Linse *Q* und der Spalte *D* eine schmale, starke Lichtgarbe, welche von dem Spiegel des Oszillographen auf die keilförmige Oeffnung *G* der lichtdichten Kassette *U* zurückreflektiert wird. Wenn *A* schwingt, so gelangt der zurückreflektierte Lichtstreifen in diese Keilöffnung und durchdringt in kleinerem größeren Maße dieselbe. Der Lichtstreifen wird hinter der Spalte *G* der Zylinderlinse *I* auf den schnellaufenden Film *O* konzentriert. Je nachdem wie groß die durch das zu untersuchende lichtempfindliche Organ *F* entstandenen Stromimpulse waren, wird die Schwingung des Spiegels *A* größer oder kleiner. Diese Schwingung exponiert einen schwächeren oder stärkeren Streifen auf den lichtempfindlichen Film *O*, welcher nach dessen Entwicklung sichtbar wird. Natürlich kann man auf dem Film die Schwingungen des Spiegels *A* auch graphisch aufnehmen, die Praxis zeigte aber, daß die vorher erwähnte Methode empfindlicher ist. Im Wege, sowohl der durch die Linse *L* projizierten Lichtgarbe, wie der durch den Spiegel *A* reflektierten Lichtgarbe ist eine elektrisch

Fig. 81. Prüfanordnung für lichtempfindliche Organe bis 30000 Aenderungen/Sec. (Rechts: Intermitteur, links: Oszillograph Registrierung).

arbeitende Sperrblende (J, J_1) untergebracht, welche die Scheibe T mit einer seiner Umdrehungen — wenn wir den durch die Scheibe geführten Kontakt unter Strom setzen —, schließt und öffnet. Diese Anordnung war zur Erleichterung der Untersuchung notwendig. (Zur Feststellung, in welchem Grade die Streifen der Scheibe auf dem Film erscheinen, damit die Uebertragung bei den eingestellten Geschwindigkeiten meßbar sein soll, d. h. wenn Scheibe und Filmband schon mit der notwendigen Geschwindigkeit laufen.)

Bei den Anordnungen waren auf der Scheibe ringsherum in unregelmäßigen Zwischenräumen 3000 Streifen untergebracht, der Umfang der Scheibe war ca. 150 cm, die Umdrehungszahl war bis zu 3000 in der Minute zu steigern, was in der Sekunde 50 Umdrehungen bedeutet und $50 \times 3000 = 150\,000$ Lichtänderungen entspricht.

Die drehende Scheibe war mit einem G e s c h w i n d i g k e i t s - m e s s e r versehen (nicht mit einem Drehungszähler!), welcher die Umdrehungszahlen in der Sekunde angibt.

Der Oszillograph selber ist mit zwei Streifen und zweifacher Beleuchtung versehen, von welchen die eine Schleife die Impulse der zu untersuchenden lichtempfindlichen Organe registriert. (Entweder in Intensitätsstreifen oder graphisch.) Die andere Schleife wird durch einen Stimmgabel-Unterbrecher fünfhundertmal in der Sekunde in Schwingung gehalten. Dieser zeichnet also auf dem Film eine Sinuskurve, wobei die halbe Wellenlänge $^1/_{1000}$ Sekunde entspricht, damit die Genauigkeit der Messung von der eventuell ändernden Geschwindigkeit des Filmes unabhängig machend.

Der kombinierte Verstärker ist mit drei normalen Verstärkerröhren und mit zwei nachschaltbaren 10 Wattröhren versehen, welche bei Umschaltung als Niederfrequenz, Hochfrequenz- oder als Widerstands-Verstärker schaltbar waren. Als Niederfrequenz-Verstärker waren sie mit Eingangstransformatoren auswechselbar eingerichtet, je nachdem die Messung mit niederer oder höherer Frequenz oder mit einem lichtempfindlichen Organ mit eigenem kleinerem oder größerem Widerstand geschah.

Die Projizierungsentfernung des Oszillographen vom Film war bei diesen Messungen 250 mm, wobei eine Stromänderung von 1 Milliampere 68 mm l i n e a r e Ablenkung des Lichtstrahles verursachte. Im Falle, wenn die Messung nicht graphisch, sondern in Intensitätsschwankungen geschah, hatte auch die keilartige Spalte ein 68 mm hohes Dreieck gebildet (mit der Spitze seitwärts gedreht, wo die Grundlinie gleichlang mit dem schwingenden Lichtstreifen war). So hatte eine Milliampere große Schwingung die Stärke der Intensitätsstreifen von 0 bis zum Maximum geändert.

Mit dieser Einrichtung kann natürlich nicht nur der Empfindlichkeitsgrad des lichtwahrnehmenden Organs, sondern mit den notwendigen Ersetzungen auch der verschiedene Empfindlichkeitsgrad der lichtregistrierenden Organe absolut genau gemessen werden. Diese Einrichtung spielt also sowohl bei der Entwicklung der Bildtelegraphie wie auch beim Fernsehen eine sehr wichtige Rolle.

Die Untersuchung der lichtwahrnehmenden Organe wurde ausschließlich aus praktischen Gesichtspunkten vorgenommen. Eben darum wollen wir die graphischen und tabellarischen Wertvergleichungen hier unterlassen.

Zur Untersuchung gelangten:

a) Eine Selenzelle von Mercardier mit 2500 mm^2 Oberfläche und 100 gravierten Elektroden.

b) Eine Mihály'sche Kondensatorselenzelle mit 1 mm^2 Oberfläche und 42 Elektroden.

c) Eine photoelektrische Selenzelle von Minchin, mit 3,2 mm^2 Oberfläche.

d) Ein Liesegang'sches Photoelement mit 5×5 cm großen Kupferoxydblättern, in 4%iger Kochsalzlösung.

e) Lichtembrane nach Mercardier. Eine 0,08 mm dicke Glimmermembrane mit 60 mm Durchmesser, überzogen mit einer dünnen Petroleumrußschicht. Hinter ihr ein mit Mikronschrauben regulierbarer Mikrophon-Kontakt. (Mit einem dünnen Kohlenfaden an der Membrane, Graphitklotze an den Mikronschrauben.)

f) Zuletzt drei Photozellen verschiedener Typen. Zwei hiervon waren die früher bereits schon besprochenen Zellentypen, die dritte war eine speziell zu diesem Zwecke hergestellte Tahy-Mihály'sche Experimentierzelle, mit eigens zu diesem Zwecke angeordneter erhöhter lichtempfindlicher Oberfläche, mit großer Streuung. Die Oberfläche ganz eingehüllt, mit Quarz-Linsen-Fenster versehen.

Bei der ersten Einrichtung hatte die Beleuchtung, das mit Linsen konzentrierte Licht einer 50 Kerzen starken Halbwatt-Glühlampe geliefert, und zwar so, daß durch die Einstellung der Linse die volle Oberfläche des zu untersuchenden Organs beleuchtet wurde.

Wie aus der Tabelle I (Seite 136) hervorgeht, fällt 3, 4 und 5 schon bei der Frequenz 1000 aus praktischen Gesichtspunkten aus, 1 wird bei 5000 unbrauchbar.

Tabelle I.

Intermittierungen	Zellen							
	Mercadier	Mihály	Minchin	Liesegang	Lichtmembran	Photozellen a	b	c
500	3 mm Ausschl.	47 mm Ausschl.	Ausschl. Null, nur mit Hörer	1 mm Ausschl.	25 mm Ausschl,	11 mm Ausschl.	9 mm Ausschl.	12 mm Ausschl.
1000	nur hörbar	9 mm Ausschl	nicht mehr hörbar	nur mit Hörer	unsich. 1—2 mm Ausschl.	1 mm Ausschl.	nur hörbar	0.5—1 mm unsicher
5000	nicht mehr hörbar	0.3—0.5 mm	—	nicht mehr hörbar	nicht mehr hörbar	0.1 mm	nicht mehr hörbar	
	hier wurde ein Zweiröhrenverstärker eingeschaltet							
5000	nur hörbar	7.2 mm Ausschl.	—	unsich. Töne	—	1 mm Ausschl.	0.5 mm Ausschl.	1.9 mm Ausschl.
10 000	—	1.1 mm Ausschl.	—	null	—	nur schwach hörbar		
	hier wurde ein Dreiröhrenverstärker eingeschaltet							
15 000	—	1.7 mm Ausschl.	—	—	—	0.4 mm Ausschl.	nur unsich. Streif.	0.6 mm Ausschl.
30 000	—	0.5 mm Ausschl	—	—	—	nur intenst. Streif.	nur schwach hörbar	unsicher 0.1—0.2 Ausschl.

Demgegenüber entsprechen 2 und 6 bis zu jeder Grenze den Zwecken der Bildtelegraphie, wenn auch 2 unter denselben Bedingungen den Erfordernissen besser entspricht. Wir dürfen aber auch nicht vergessen, daß die Resultate beim Intermittieren eines starken künstlichen Lichtes ermittelt wurden.

Bei den darauffolgenden Versuchen wurde die künstliche Lichtquelle ausgeschaltet und die lichtwahrnehmenden Organe in eine lichtdichte Kassette *C* gesetzt (Abb. 80). Die Beleuchtung und Intermittierung hatte das von der Platte *Y* auf den Streifenkranz *S* und von dort in *C* reflektierte Licht geliefert. Ein jedes der lichtwahrnehmenden Organe arbeite nun durch einen für sie konstruierten Verstärker.

Aus dem früher Gesagten ist deutlich zu ersehen, daß unter den heute bekannten lichtwahrnehmenden Organen am leistungsfähigsten

Tabelle II.

Ohne künstliche Beleuchtung!
Hier wurde für jede Zelle ein spezieller Kraftverstärker eingeschaltet.

<table>
<tr><th rowspan="3">Intermittierungen</th><th colspan="4">Zellen</th></tr>
<tr><th rowspan="2">Mihály kondens. Zelle Typ. IX/15</th><th colspan="3">Photozellen</th></tr>
<tr><th>a</th><th>b</th><th>c</th></tr>
<tr><td>1 000</td><td>ohne Yerstärker
1.1 mm Aussschlag</td><td colspan="3">Zweiröhrenverstärker
0.3 mm | 0.2 mm | 0.5 mm
Ausschläge</td></tr>
<tr><td>2 000</td><td>ohne Verstärker
0.5 mm Ausschlag</td><td colspan="3">Dreiröhrenverstärker
0.7 mm | 0.4 mm | 0.8—1 mm
Ausschläge</td></tr>
<tr><td>5 000</td><td>Zweiröhrenverstärker
7.0 mm Ausschlag</td><td colspan="3">Dreiröhrenverstärker
nur in Intensitätsstreifen erkennbare Schwankungen</td></tr>
<tr><td>10 000</td><td>Dreiröhrenverstärker
17 mm Ausschlag</td><td colspan="3">Fünfröhrenverstärker
0.1—0.2 mm unsicher | 0.5 mm nur int. Streifen-Ausschlag</td></tr>
<tr><td>30 000</td><td>Dreiröhrenverstärker
4—3.5 mm Ausschlag</td><td colspan="3">Fünfröhrenverstärker
nur sehr schwache Intensitätsstreifen</td></tr>
<tr><td></td><td colspan="4">Oscillograph wurde auf 50 cm entfernt</td></tr>
<tr><td>30 000</td><td>Dreiröhrenverstärker
6 mm Ausschlag</td><td colspan="3">die Intensitätsstreifen unsicher erkennbar</td></tr>
<tr><td>50 000</td><td>Vierröhrenverstärker
1.8 mm Ausschlag
1.5 mm (unsicher)</td><td colspan="3">null</td></tr>
<tr><td>80 000</td><td>Fünfröhrenverstärker
0.5—0.4 mm Ausschlag</td><td>—</td><td>—</td><td>—</td></tr>
<tr><td>100 000</td><td>Fünfröhrenverstärker
0.2—0.3 mm unsicher
Intensitätsstreifen noch gut sichtbar</td><td>—</td><td>—</td><td>—</td></tr>
</table>

noch eine gute Selenzelle ist. Allerdings ist es wahr, daß zur Herstellung einer solchen Selenzelle außerordentliche Sorgfalt gehört, — von 100 Selenzellen können nur vielleicht 2—3 eine solche Leistung vollführen, dann auch nur bei einer mit besonderer Sorgfalt durchgeführten Verstärkung. Es ist nicht ausgeschlossen, daß die Photozellen, die ich mir verschaffen konnte, nicht die existierenden besten Exemplare waren. Jedenfalls versuchte ich eine jede Zelle, die in meinen Besitz gelangte, zu vergleichen und die Photozellen, die ich bei meiner obigen Tabelle gebrauchte, erwiesen sich noch als die besten. Zweifellos ist es aber, daß selbst eine noch heute unbekannte Entwicklung der Verstärkertechnik vorausgesetzt, die Selenzelle noch immer geeigneter sein wird als die Photozelle. Heute ist aber die Photozelle selbst bei stärkster Verstärkung schon bei 10 000, ja sogar schon bei 5000, 8000 Sekunden Frequenz, wenn die Lichtintensitätsänderungen dem praktischen Maße entsprechen, schwer zu gebrauchen.

Eine gute Selenzelle kann aber — besonders, wenn wir schon die bereits erwähnten Momente der Verminderung der Frequenz beim Fernsehen in Betracht ziehen — die Rolle, die ihr zufällt, ziemlich zufriedenstellend ausführen.

D. Registrierungsorgane (Lichtrelais), welche infolge der Entwicklung der Verstärkertechnik für Bildübertragung brauchbar geworden sind.

Die drei Hauptprobleme der Reproduktion bestehen — wie wir es in dem vorigen Kapitel bereits gesehen haben —, aus folgenden wichtigen Punkten:

a) Ein solches Instrument zu schaffen, welches die durch die Sendestation übermittelten äußerst schnellen und sehr kleinen Stromimpulse wieder in entsprechende Lichtintensitätsänderungen umwertet.

b) Eine intensive Lichtquelle mit konstanter Kraft oder eine Optik zu finden, die vollständige Sicherheit gewährt, und zuletzt — was hiermit eigentlich zusammenhängt —

c) zu ermöglichen, daß die durch das Lichtrelais übertragene Lichtintensität auf viele Teile zerteilt, noch immer einen wahrnehmbaren Lichteindruck verursache.

Betreffs der ersten Frage arbeitet heute bei diesen Frequenzen ein guter Oszillograph noch immer am empfindlichsten.

Seit sich aber die Verstärkertechnik infolge des Radios stark entwickelte, versuchen zahlreiche Forscher, die sich mit dieser Frage beschäftigen, jene Erscheinungen, die „trägheitslos“ imstande sind, den Stromimpulsen entsprechende Lichtintensitätsänderungen hervorzurufen, d. h. solche, wo mechanisch sich bewegende Massen nicht vorkommen, für ihre Zwecke zu verwerten. Mehrere solcher Erscheinungen sind schon seit langem bekannt.

Rosing (s. S. 53) und auch andere (Schmierer) wollten die Eigenart der Kathodstrahlen, daß sie mit einem Magnet ablenkbar sind, zum Zwecke der Registrierung benutzen. Hierzu wollten sie mit den anlangenden Stromimpulsen einen Elektromagnet, der die Strahlen einer Braun'schen Röhre in Bewegung setzen sollte, arbeiten lassen. Wenn nun die sich bewegende Garbe sich durch eine Keilspalte bewegt, so würde nach dem Maß der Ablenkung mehr oder weniger Licht durch sie durchdringen.

Leider ist die Lichtstärke der Braun'schen Röhren zur Bildung von z. B. 10 000 Bildelementen nicht geeignet. Relativ sehr große Stromimpulse erfordert übrigens auch die Ablenkung, ein Vielfaches

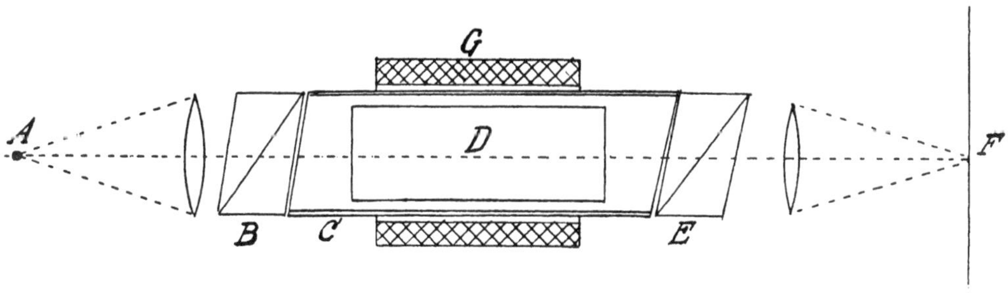

Fig. 82. Nipkow'sches Lichtrelais.

der Impulse, die aus den Bildströmen bei der praktisch erreichbaren größten Verstärkung herauszuholen sind.

Nipkow's Vorschlag des trägheitslosen Lichtrelais (s. Seite 43) wurde durch neuere Forscher revidiert. Nipkow wollte auf Grund des Kerr'schen Phänomens — wie wir bereits wissen — zum Zwecke der Relaiswirkung die drehende Wirkung der durch die Bildströme verursachten magnetischen Felder auf die Polarisationsebene ausnützen. Als Ergänzung zeigt schematisch die Abbildung 82 diese Einrichtung. Die Garbe der Lichtquelle *A* dringt durch die Nicholprismen *B* und *E* — zwischen welchen die Farrdy'sche Glasstange *D* oder ein mit Schwefelkohlenstoff gefülltes Rohr ist — bis zum Aufnahmeschirm *F*. Die zwei Nicholprismen werden solange gedreht, bis kein Licht mehr durchdringen kann. Wenn nun in den Solenoid *G* Stromimpulse anlangen, so wird das Licht deren Stärke gemäß durchdringen.

Bezugnehmend hierauf, ist Skaupy's Entdeckung wertvoll, der

gefunden hat, daß das System ein Vielfaches an Empfindlichkeit gewinnt, wenn man statt Schwefelkohlenstoff Nitrobenzol verwendet. Mit dieser Entdeckung war z. B. das Nipkow'sche Bildrelais mit der Kerr'schen Zelle für die Bildtelegraphie auch ohne jede Verstärkung verwendbar. Es ist aber bisher noch nicht gelungen, eine solche Verstärkung zu finden, welche die Stromimpulse, die beim Fernsehen in Betracht kommen, zum Arbeiten geeignet machen würde. Hierzu ist die Einrichtung zu grob.

Ein drittes, ebenfalls trägheitslos arbeitendes Relais, wurde von Sutton vorgeschlagen, auf Grund des ebenfalls von Kerr entdeckten Phänomens. Dieses Relais ist folgendermaßen zusammengestellt: Zwischen zwei Nicholprismen steht ein mit Nitrobenzol gefülltes

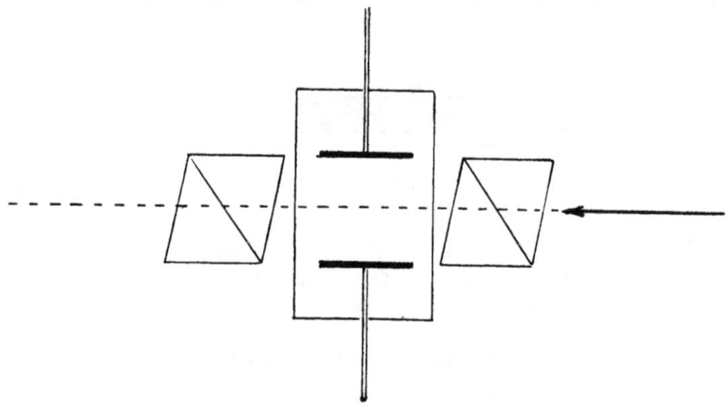

Fig. 83. Kerr'sche Zelle (schematisch).

Glasgefäß, in welchem zwei Platten kondensatorartig angebracht sind (siehe Abbildung 83). Wenn wir die Nicholprismen bis zum Auslöschen drehen und die Kondensatorblätter mit genügend starkem Potential versehen, so dringt das Licht wieder durch. Dieses System hatte jüngst Dr. Karolus für Bildtelegraphie mit zufriedenstellendem Erfolg angewendet.

Für das Fernsehen sind aber all diese Relais — mit den heute möglichen Verstärkungen — ungeeignet, und so muß man sich vorläufig mit dem Oszillographen-Lichtrelais zufrieden geben.

Die andere Frage der Reproduktion, die der konstanten, unbeweglichen Lichtquelle — die besonders beim Oszillographen-Lichtrelais wegen des winzigen Relaisspiegels eine schwierige Frage war —, ist heute mit der Wolfram-Bogenlampe als gelöst zu betrachten. Wenn auch die Gesamtintensität der heutigen Wolfram-

Bogenlampe niedriger ist als die der normalen Bogenlampe, so bietet ihre Verwendung dennoch Vorteile. Bei der Wolfram-Bogenlampe ist nämlich der Bogen sozusagen unsichtbar, während die Elektroden präzise, konstante Glühkugeln sind. Mit Hilfe einer richtigen Optik kann man sie für unsere Zwecke leicht verwenden.

Die dritte Teilfrage der Reproduzierung — über die man in der letzten Zeit öfter debattiert hat — ist, ob unser Auge überhaupt imstande ist, die Aenderungen eines 1 mm^2 großen Lichtpunktes, der seine Stelle in jeder Sekunde 100 000 mal verändert, wahrzunehmen.

Hier handelt es sich eigentlich um die Frage, wie groß die Lichtintensität ist, die durch das Lichtrelais bzw. durch die Optik der Zusammensteller-Konstruktion zu übertragen ist. Bisher war die Bogenlampe die einzige, deren auf die Flächeneinheit fallende Intensität bei glücklichen Umständen genügte. Die relativ große Fläche des Kraters und die Wanderung des Bogens der Bogenlampe, die sich infolge der Ungleichmäßigkeit der Kohle einstellte, wirkten aber äußerst störend.

So ist es also keine Phantasie, wenn man annimmt, daß bei Anwendung der Wolfram-Bogenlampe der das Bild „abschreibende" 1 mm^2 große Lichtpunkt 1000 Kerzen stark sein kann. Wenn wir 10 000 Bildelemente annehmen, so kann man $^1/_{10}$ Kerzenstärke für je ein Bildelement rechnen, wobei sich die Lichtpunkte dreimal in der Sekunde wiederholen.

Zweifellos ist es aber, daß auf dunklem Grund in der Sekunde dreimal sich wiederholendes $^1/_{10}$ Kerzenlicht nicht nur gut zu sehen ist, sondern auch bleibende Impressionen hinterläßt.

Uebrigens können hier als Aushilfsmittel die mit verschiedenen phosphoreszierenden Präparaten (mit Leuchtfarben) überzogenen Projektionsschirme gute Dienste leisten, die durch den sich bewegenden Lichtpunkt „erregt", „Nach-Lichtwirkungen" ausüben.

E. Die Bestimmung der Anzahl der Bildelemente (der Feinheit der Bildzerlegung) die auf Grund der neueren Untersuchungen beim Fernsehen notwendig sind.

Damit wir die weitere Entwicklung des Fernsehens bzw. die mit ihr erzielten und noch zu erzielenden Resultate richtig beurteilen, ist es nicht uninteressant, zu untersuchen, wie fein geteilt das zu übertragende Bild sein muß, damit das Bild überhaupt zu erkennen ist. Wieviel Bildelemente notwendig sind, damit das Bild den praktischen Erfordernissen entspricht.

Die gründliche Besprechung dieser Frage ist schon deshalb wichtig, weil eben die Steigerung der Zahl der Bildelemente — wenn also der Laboratoriumsapparat praktisch ausgeführt werden soll —, die Frage entscheidet, ob die verwendeten Organe brauchbar sind.

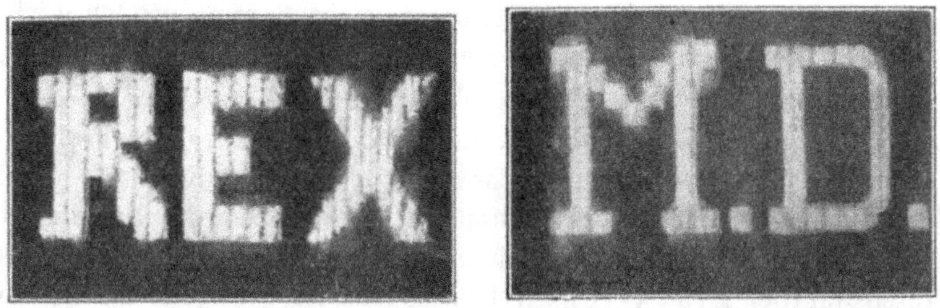

Fig. 84. Die ersten, mittels Telehor übertragenen Bilder ohne künstliche Beleuchtung.

Wir werden später noch sehen, daß mit den zur Verfügung stehenden Instrumenten die Herstellung eines primitiven Fernsehers — besonders seit wir über ein verläßliches, trägheitsloses, quantitatives Relais verfügen —, keine schwere Aufgabe ist.

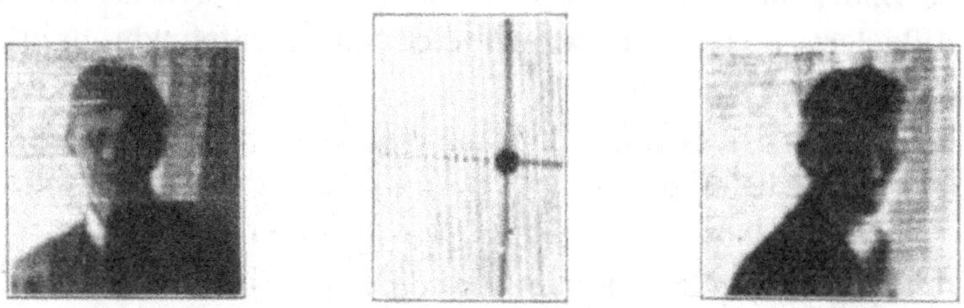

Fig. 85. Mit Hilfe von Magnesium-Beleuchtung übertragene Bilder.

Dem Verfasser ist es sogar auf dreierlei Weise gelungen, einfache Bilder, Zahlen, Buchstaben, geometrische Figuren, ja sogar menschliche Schattenbilder zu übertragen. Solche Uebertragungsbilder (aus 1920/21) sind auf den Abbildungen 84 und 85 zu sehen. Die Abbildung 84 wurde einfach durch das Objektiv bei der Beleuchtung von natürlichem Sonnenlicht im Sender aufgenommen und durch einen nur 10 Watt starken Radiosender an die Empfangsstation übermittelt, wo sie ohne jedes photographische Verfahren ebenso zu sehen waren wie auf der Photographie. Wenn

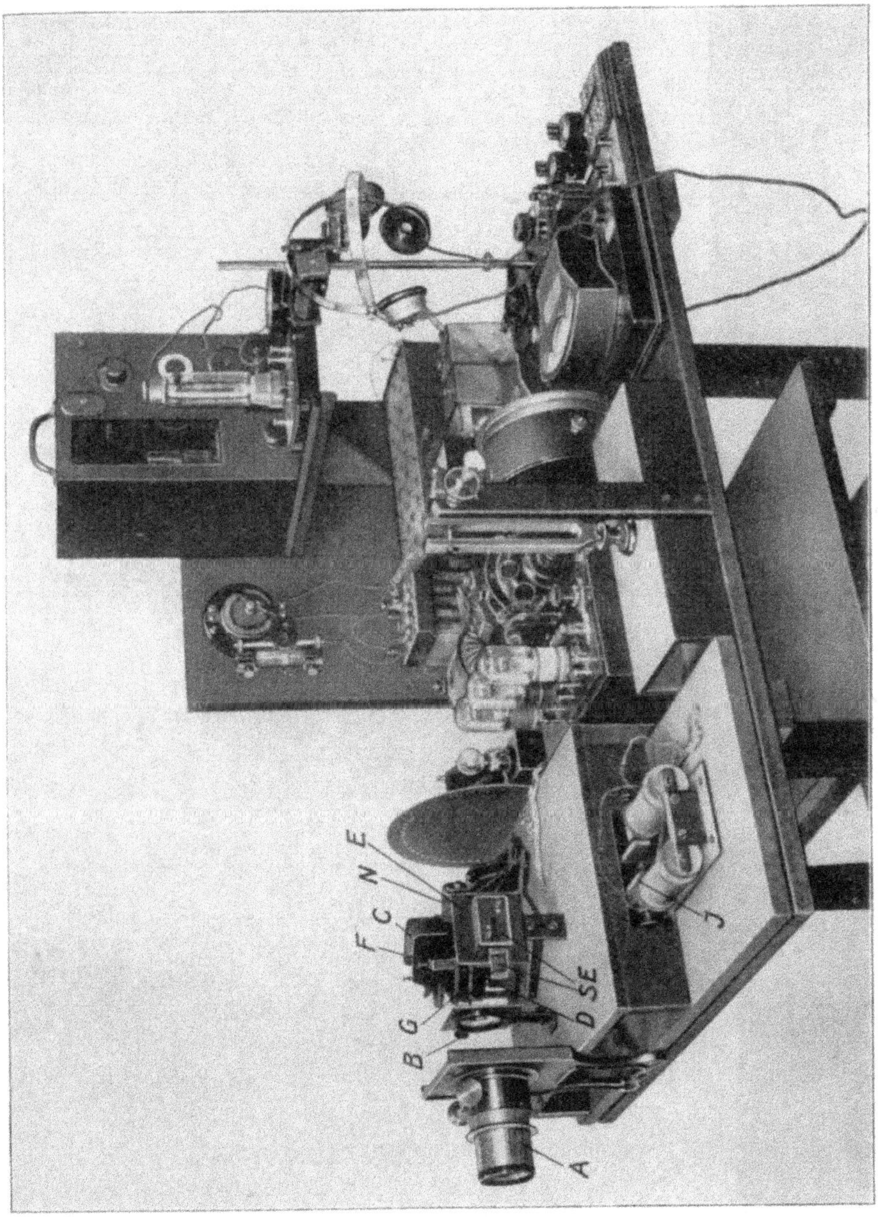

Fig. 86. Versuchsmodell des Telehor-Senders.

die zum Projizieren gebrauchten Abbildungen sich bewegten, so bewegte sich auch das im Empfänger erschienene Bild. Die Versuche

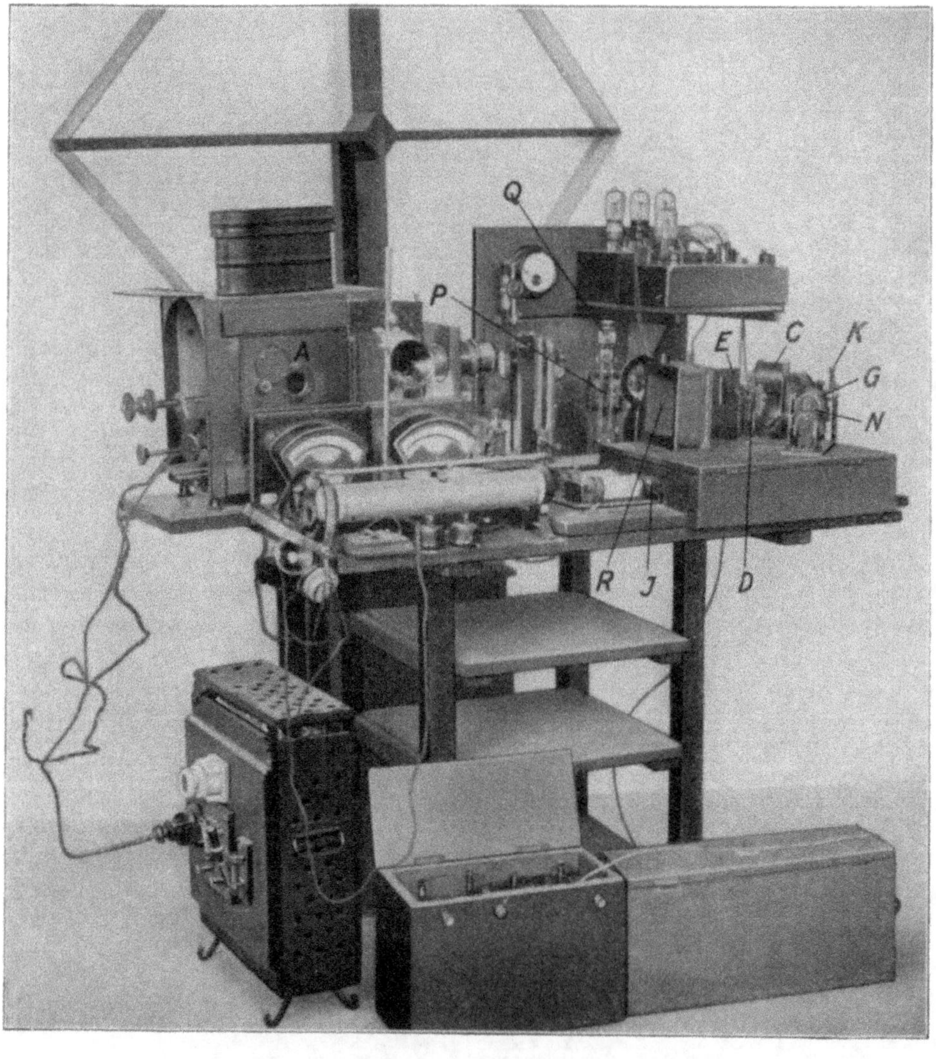

Fig. 87. Versuchsmodell des Telehor-Empfängers.

haben bewiesen, daß die Entfernung der Uebertragung mit einem entsprechenden Radiosender nach Belieben zu erhöhen ist. Die Verschwommenheit der Bilder ist hauptsächlich der primitiven Beschaffenheit der optischen Teile und der provisorischen Zusammenstellung zuzuschreiben. Einzelne Teile der Einrichtung waren nämlich nur experimentell zusammengestellt und haben gegeneinander auch Schwingungen vollführt, usw.

Bei der Uebertragung der auf Abb. 85 sichtbaren Bilder mußte man das zu übertragende Bild stark mit künstlichem Lichte (Magnesium-Licht) beleuchten, damit sie der Sender aufnehmen kann.

Das Resultat solcher Experimente war, daß von den praktischen Ausführungsarten, die ich durchführte — über die ich der Vollkommenheit halber noch ausführlicher berichten werde —, nur die

Fig. 88.
Angeblich durch den Bairdschen Fernseher-Apparat übertragenes Bild.

auf den Abb. 86—87 sichtbaren Apparate die Möglichkeit einer praktischen Weiterentwicklung bieten.

In den vergangenen Monaten gelang es auch anderen (Baird, Jenkins, Mac Marlan-Moor) solche primitiven Fernsehdemonstrationen vorzuführen. Bei den Demonstrationen von Baird war angeblich laut Abb. 88 das Schattenbild eines menschlichen Gesichtes zu sehen, ja sogar selbst die Bewegung des Mundes. Zur Wertung dieser Resultate muß einmal die Feinheit der — für die Laboratoriums-Versuche und für die praktischen Erfordernisse notwendige — Bildzerlegung festgestellt werden.

Wenn wir ein 10×10 cm großes Bildnis auf künstlichem Wege

(z. B. mit Hilfe eines Siebes) auf 1 mm^2 große Bildelemente zerlegen, ist das Bild in jeden, selbst den kleinsten Einzelheiten, genau erkennbar. Zu diesem Zweck würde also eine derartige Bildzerlegung entsprechen. Wenn wir aber ein aus feineren Teilen zusammengelegtes Landschaftsbild auf 1 mm^2 große Bildelemente zerlegen, bemerken wir, daß hier die Teilung nicht genügend fein ist, weil auf manche Würfelchen 3—4—6 verschiedenartig schattierte und geformte Teile des Bildes kommen. Da bei einer solchen Oberfläche das lichtwahrnehmende Organ alles auf einmal wahrnimmt, ist es nur verständlich, daß mit Auslassung der Details wir einfach den Mittelwert der verschiedenen Lichtflecke erhalten. Hier ist also eine feinere Teilung notwendig.

Allerdings, wir brauchen nicht unbedingt eine Bildgröße von 10×10 cm. Begnügen wir uns mit einer kleineren, so können wir eine Erhöhung der Uebertragungsfrequenz, in dem Maße wie wir die Oberfläche des Bildes vermindern, die Feinheit der Teilung erhöhen. Gebrauchen wir z. B. statt der 10×10 cm Bildgröße die in der Photographie gebrauchte 6×9 cm Bildgröße, so beträgt die zu zerlegende Fläche ungefähr die Hälfte der früheren 100 cm^2 großen Fläche, nämlich 54 cm^2. Die Elemente können also halb so groß sein, was eine sehr wesentliche Verfeinerung bedeutet. Ja man kann sogar mit dieser Teilung eine ganz annehmbare Landschaftsreproduktion übermitteln. Wollen wir aber eine gute Landschaftsübertragung erhalten, so müssen wir die Teilung auf das Drei-, ja sogar Vierfache erhöhen.

Laut dem Obengesagten kann die notwendige Teilungsfeinheit der Bildübertragung folgendermaßen bestimmt werden:

Als zufriedenstellendes Laboratoriumsresultat

3×4 cm großes Bildnis mit 1 mm^2 großen Bildelementen = 1200 Elemente,

6×9 cm großes Landschaftsbild mit ½ mm^2 großen Bildelementen = 10 800 Elementen.

Als zufriedenstellendes praktisches Resultat

4×5 cm großes Bildnis mit ½ mm^2 großen Bildelementen = 4000 Bildelemente,

8×8 cm großes Landschaftsbild mit ¼ mm^2 großen Bildelementen = 25 600 Elemente.

Als vollkommene Uebertragung

6×9 cm großes Bildnis mit ¼ mm^2 großen Bildelementen = 21 600 Elemente,

10×10 cm großes Landschaftsbild mit $^{1}/_{9}$ mm^2 großen Bildelementen = 90 000 Elemente.

Bei dieser Aufstellung dürfen wir einerseits den Umstand nicht vergessen, daß die kinetischen Fernsehbilder infolge ihrer Filmartigkeit auch bei gröberer Teilung eine schärfere Impression geben, als eine Illustration oder ein auf telegraphischem Wege übertragenes und auf dem Film f i x i e r t e s stehendes Bild, andererseits laut neuerer Feststellungen es nicht mehr nötig ist, die Bildelementreihe in jeder Sekunde zehnmal zu übertragen, es genügt schon, wenn man sie drei- bis dreieinhalbmal überträgt.

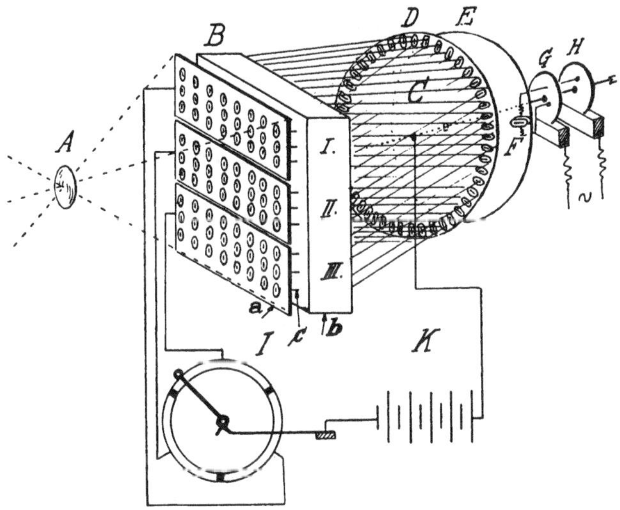

Fig. 89. Mosaikartiges Fernseher-Apparat-Versuchsmodell.

F. Verschiedene praktische Fernsehversuche.

Seit ich mein Büchlein geschrieben, erfolgten zur praktischen Lösung des Fernsehens mehrere praktische Versuche, die teilweise auch zu Resultaten führten, wenn auch dieselben nicht ganz zufriedenstellend waren. Mißgestimmt durch die schlechten Resultate, die das erste auf Seite 101 beschriebene Telehormodell und die vorher erwähnten Versuche lieferten, ermutigt aber durch die mit dem Röhrenverstärker erzielten guten Resultate, versuchte ich, bevor ich das neue Telehormodell zu erbauen begann, mit gewissen Aenderungen mein e r s t e s Projekt (s. Seite 45) zu verwirklichen. Abb. 89 zeigt das Schema dieses Modells. Der Apparat ist natürlich schon im voraus mit großen Kompromissen und mit sehr kleinen

Hoffnungen erbaut worden. Zu dieser Zeit war der Umstand, daß eine dreimalige Uebertragung in der Sekunde ein annehmbares Bild ergibt, bereits schon bekannt.

Ein 3×3 cm großes Bild auf 1 mm² große Bildelemente zerlegt zu übertragen, war das erstrebte Ziel. Das ergibt pro Bild 900 Bildelemente, die in jeder Sekunde mit 2700 Frequenzen selbst durch Leitung gut zu übermitteln sind.

Das Bild wird durch das Objektiv *A* auf die Zellentafel *B* projiziert, die aus 900 primitiven Selenzellen besteht. Diese einer Mosaiktafel ähnliche Selenzelle ist verhältnismäßig leicht herzustellen. Die Metallplatte *a* und die Schieferplatte *B* werden gemeinsam mit einem 0,3 mm-Bohrer auf jedes Millimeter durchgebohrt. Dann werden die Löcher der Platten mit einem 0,7 mm-Bohrer nachgebohrt, während in die Löcher der Schieferplatte Metallstifte (*c*) eng hineingepreßt werden, die dann hervorstehen. Wenn wir nun mit Schrauben die Platte „*a*“ auf die Schieferplatte *B* befestigen, so werden die Stifte „*c*“ aus der Platte *a* herausragen, und zwar so, daß die Stifte die Löcher von *a* nirgends berühren, zwischen ihnen bleibt eine ringartige Lücke. Diese Lücken werden mit Selen ausgefüllt und das ganze Täfelchen auf einmal sensibilisiert. Zum rückwärtigen Ende der Stifte werden dann Leitungen gelötet. Auf diese Weise gewinnen wir 900 sehr kleine, aber auch sehr schwache Selenzellen (da die Länge der Elektroden sehr kurz ist). Diese Zellen genügen aber noch immer zur Auslösung von z. B. eines empfindlichen mechanischen Relais, wenn wir vorher die durch sie gegebenen Impulse mit Röhrenverstärker verstärken. Daß man zu jeder der Zellen einen eigenen Röhrenverstärker benützt, war unmöglich, die Impulse müßten ohnehin serienweise übertragen werden. Es lag also auf der Hand, die Zellen zum Röhrenverstärker der Reihe nach zu schalten. Diese Reihenschaltung muß innerhalb 1/3 Sekunde erfolgen. Schon im Stadium des Projektmachens war es zweifellos (s. Seite 54), daß diese in Reihenschaltung mit einem kommutatorähnlichen Reihenschalter nicht erfolgen kann, denn die Uebertragungswiderstände, die Funkenbildung usw. würden die ohnedies schwachen Impulse, die solche primitiven Zellen geben, vermischen. Darum war schon bei den ersten Projekten eine induktive Schaltung geplant.

Hinter der Zellentafel *B* befindet sich die Isoliertafel *C*, auf welchem ringsherum kleine Elektromagnete befestigt sind. Die negativen Pole der Batterie *K* sind in Verbindung mit jedem der Elektromagneten. Die positiven Pole führen aber zur Metallplatte *a* der Zellentafel *B*. Von der Metallplatte *a* gelangt nun zu einem jeden Stift (*c*) und durch diesen zu den mit ihnen geschalteten Magneten *D* mehr oder weniger Strom, je nach der Größe des Selenwiderstandes zwischen den betreffenden Punkten der Platte *a* und dem in ihn hineinragenden Stift. Dies hängt, wie wir wissen, von zwei Umständen ab. In erster Linie davon, wie stark dieser Punkt der Tafel beleuchtet ist. Andererseits ist auch die Empfindlichkeit der Selenschicht speziell auf diesem Punkt wichtig. Hieraus folgt, daß auf der Stelle, wo die Zelle empfindlicher ist, selbst wenn sie unbeleuchtet ist, mehr Strom durchdringt, als dort, wo die Beleuchtung zwar scharf, die Empfindlichkeit aber schwach bzw. der „Dunkelwiderstand" größer ist. Bei oberflächlicher Betrachtung müßte man annehmen, daß dieser Umstand die Tätigkeit dieses Fernsehers unmöglich macht. Gleich bemerken wir aber, daß dieses Uebel bei diesem System sehr leicht korrigierbar ist. Es ist auf mehrere Arten auszugleichen.

Die serienweise Uebertragung der Impulse auf die Linie bzw. zum Verstärker geschieht nämlich folgendermaßen:

Vor den auswärtigen Polen der zu den Selenzellen gehörigen kleinen Magneten dreht sich ein Magnet *F*, in welchem die kleinen Magnete Strom induzieren. Die in dem Magnet *F* entstandenen Stromimpulse gelangen durch die Scheiben *G* und *H* und durch die unter ihnen befindlichen mit Quecksilber gefüllten zwei Gefäße in den Verstärker.

Wenn wir nun die verschiedenen Empfindlichkeiten der Zelle korrigieren wollen, so tragen wir auf die zu den schwächeren Zellen gehörigen Spulen eine größere Zahl Windungen auf, oder z. B. wir setzen sie näher zu der Drehungsebene der drehenden Spule *F*. Bei diesem Korrektionsverfahren wird die Selentafel *B* zuerst unter Strom gesetzt, aber nicht beleuchtet. Nun setzen wir den rotierenden Schalter in Bewegung und hinter dem Verstärker kontrollieren wir mit einem Oszillographen, von welchem Punkt aus, wie große Schwingung verursacht wird. Die kleinen Spulen (*D*) regulieren wir dermaßen, daß sie einen Wechselstrom mit vollständig gleichmäßiger Amplitude im Oszillographen zeigen, wenn kein Bild projiziert ist. Diese Korrektur ist natürlich auch mit Ergänzungswiderständen durchführbar. Ebenso ist sie beim Empfänger erreichbar.

Eine andere Unbequemlichkeit war bei dieser Einrichtung die induktive Schaltungstafel. 900 Magnete im Kreis untergebracht,

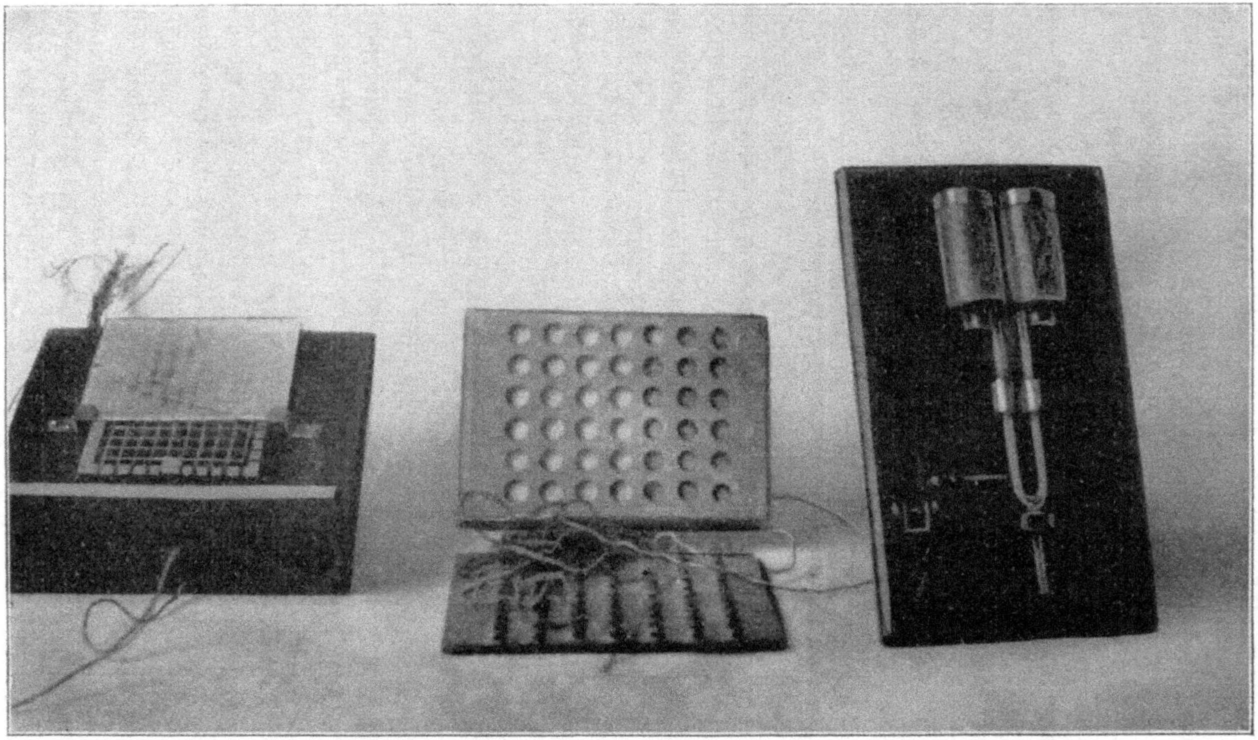

Fig. 90. Einzelteile des primitiven Demonstrations-Fernsehers (links: mosaikartige Lämpchen-Tabelle, mitte: Selenzellen-Tafel, rechts: Stimmgabelunterbrecher, welcher zwecks Synchronisierung verwendet war).

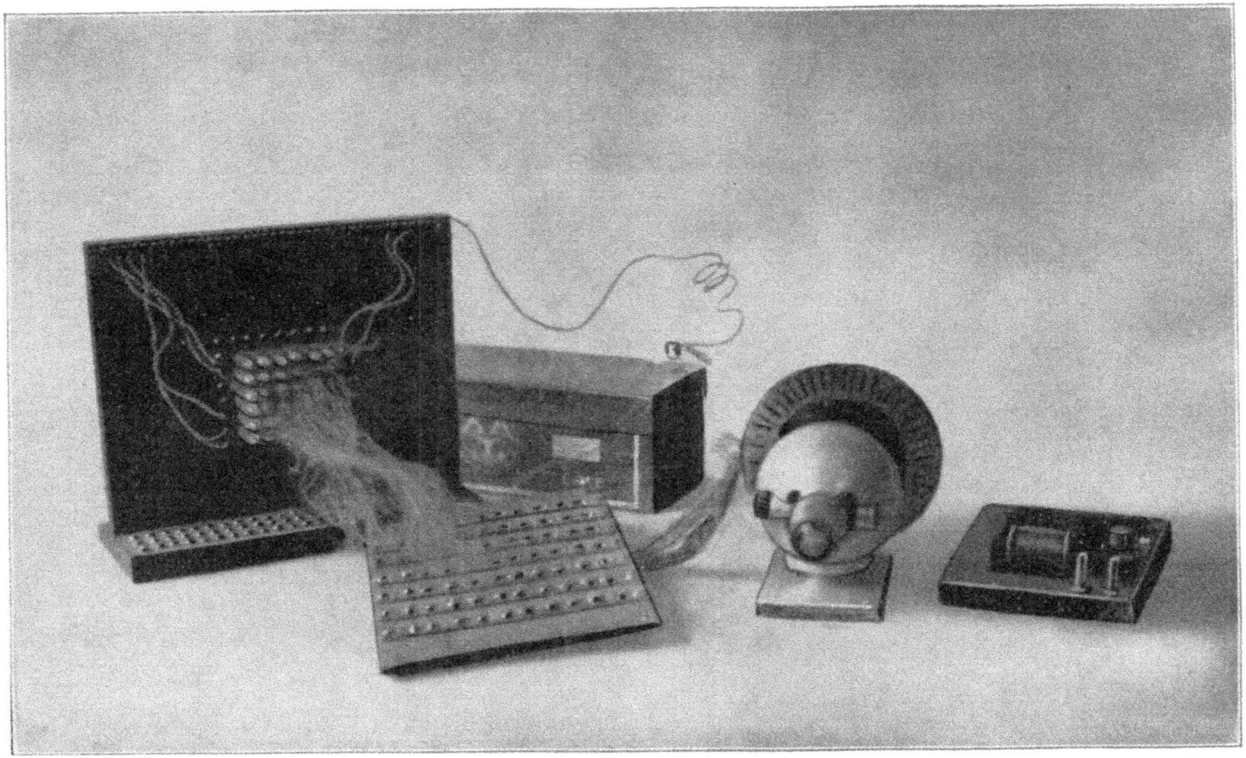

Fig. 91. Einzelteile des Demonstrations-Fernsehers (links: Glühlämpchen-Tabelle, mitte: induktiver Drehschalter mit Motor, rechts: Relais).

hätten selbst mit Telephonspulen einen Umkreis von ca. 900 cm ergeben. Hier bot sich aber eine sehr leichte Vereinfachung. Es wurde nämlich die Metallplatte „*a*" der Zellentafel *B* auf drei Teile I, II, III aufgeteilt (isoliert). Diese Teile wurden durch einen

Fig. 92 a. Telephon-Mikrophon-Relais.

springenden Schalter, nach jeder Umdrehung der Spule *F*, nacheinander zu der Batterie *K* geschaltet. Auf dem Induktivschalter waren nur 300 Spulen untergebracht, wovon in einem jeden der Stift von je drei Selenzellen gebunden war, die auf den entsprechenden Punkten der drei Reihen standen. Ein Magnet vertrat also nacheinander drei Zellen aus der I., II. oder III. Gruppe, je nachdem sich die Spule *F* drehte. Bei dem springenden Schalter wurde ein — aus der Kinematographie bekanntes — sogenanntes malteser Kreuz verwendet.

Fig. 92 b. Empfindliche polarisierte Relais.

Abb. 90 zeigt übrigens die Photographie des auseinandergelegten Versuchsmodells, des auf Grund der obigen Erwägungen konstruierten Apparates.

Auf der Empfangsstation gingen die Impulse wieder durch Verstärker; entsprechend verstärkt setzen diese Impulse ebenfalls durch

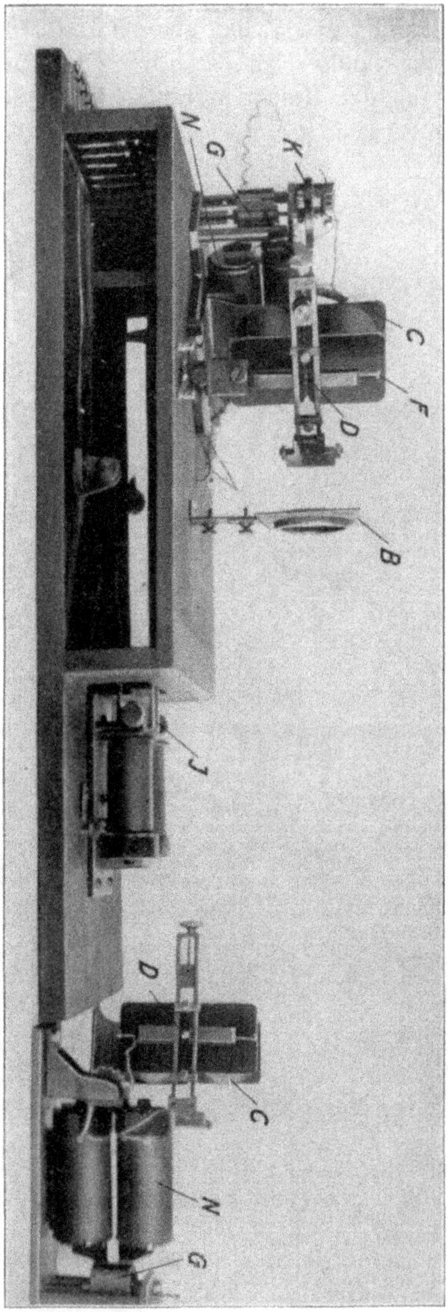

Fig. 93. Bildzerleger (Analysator und Synthetisator) des Telehors.

einen Induktions-Schalter primitive Relais in Bewegung (s. Abb. 91), welche winzige Glühlämpchen entzündeten. Die Glühlampenreihe ist auf der Abbildung links zu sehen. Die Glühlampen waren bedeckt mit einer Mattscheibe, und das Schattenbild wurde verkleinert projiziert. Die hier verwendeten Relais zeigt Abb. 92a und 92b.

Diese Konstruktion, wenn auch ihre Einstellung eine Riesenarbeit verursachte (der Widerstand der primitiven Selenzelle ver-

Fig. 94. Lichtrelais des Telehors.

änderte sich nämlich), arbeitet tatsächlich. Die erhaltenen Bilder waren aber um nichts besser als diejenigen, die ich mit dem ersten Modell erreichte. Außerdem hatte schon selbst die Einrichtung so gewaltige werkstattechnische Schwierigkeiten verursacht, und die Erreichung des relativ minderwertigen Resultates erforderte einen so großen Apparat und so vielerlei Einstellungsarbeiten, daß eine Ausführung in ernsten Dimensionen nicht erfolgverheißend war.

Eben darum hatte ich im Herbst des Jahres 1923 mit der Ausarbeitung meines auf Seite 100 beschriebenen Projektes be-

Fig. 95. Relais - Oszillographen des Telehors (links: mit permanenten Magnet, rechts: mit Elektromagnet).

gonnen. Im Dezember 1923 wurde ich damit auch fertig. Das neue Telehormodell wurde schon auf Grund der neueren Resultate und Experimente fertiggestellt. Die Sendestation zeigt Abb. 86, die Empfangsstation Abb. 87, den Bildzerleger bzw. Zusammensteller — Oszillographen —, die Apparatur Abb. 93, das Lichtrelais Abb. 94.

In der mechanischen und hauptsächlich optischen Ausführung der neuen Zusammenstellung standen mir leider die erforderlichen Bestandteile, nach pünktlichen Dimensionen angefertigt, n i c h t zur Verfügung, deswegen waren die definitiven Uebertragungen kaum besser als die vorherigen. Dies war aber fraglos der mangelhaften

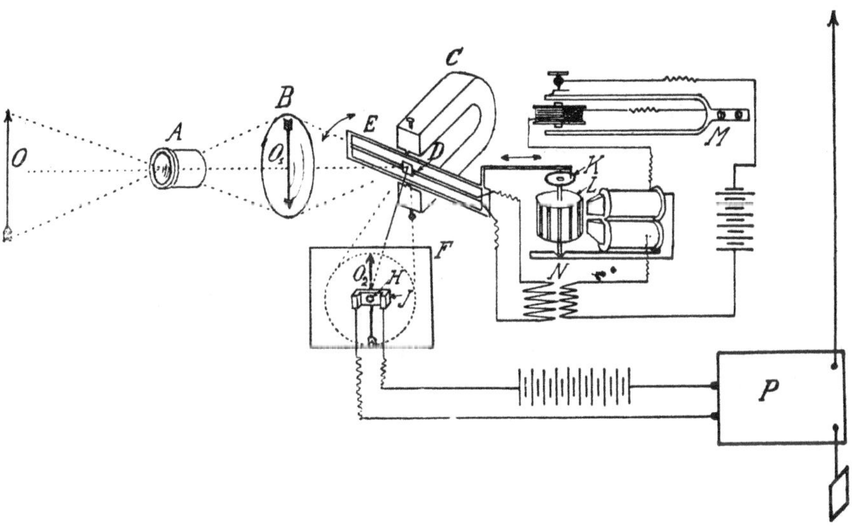

Fig. 96. Schema einer Telehor-Sende-Anordnung.

Ausführung zuzuschreiben. Alle Teile hingegen haben sowohl einzeln wie auch im Zusammenhange miteinander die von ihnen erforderten Leistungen l e i c h t vollführt. Und so ist es heute nicht mehr zweifelhaft, daß diese Konstruktion in richtiger und präziser Ausführung auch die praktischen Erfordernisse in jeder Hinsicht erfüllen wird.

Es wird nicht uninteressant sein, die wichtigsten Detaildaten meines Telehors — das beim Schreiben des ersten Teiles dieses Buches nur noch ein Projekt war —, die die praktischen Experimente bei der Konstruierung derselben ergaben, hier aufzuzählen. Ich werde zu diesem Zwecke bei der kurzen prinzipiellen Besprechung der einzelnen Teile zugleich auch die Ergebnisse der Versuche und deren Daten mitteilen.

Die Wirkungsweise des neuen Modells ist verständlich aus der Abb. 96.

Der Gegenstand *O* wird durch ein sehr starkes Objektiv *A* auf die im Innern des Apparates untergebrachte Linse bzw. Linsensystem *B* projiziert. Ich muß hier sogleich bemerken, daß es vorteilhaft ist, wenn das durch das Objektiv *A* aufgefangene Bild etwas größer ist als jenes, welches wir als Uebertragungsbild auf der Reproduzierstation erhalten wollen. Betreffs der Lichtstärke wäre es die ideellste, wenn auch nicht immer erreichbare Lösung, wenn das durch das Objektiv *A* projizierte Bild ebenso groß wäre, wie der Gegenstand selber. Wenn nämlich die Steigerung der Kontrastiertheit und der Lichtstärke des Bildes nicht erreichbar ist, muß man wenigstens bestrebt sein, den Lichtverlust nach Möglichkeit zu verringern. Diese Forderung bedeutet allerdings die Vergrößerung der Masse der Sendestation. Dies ist aber vorläufig kein sonderliches Hindernis, da ja am Anfang Sendestationen ohnedies nur wenige vorhanden sein werden, und für das Publikum vorläufig nur Empfänger in Betracht kommen.

Das durch das Objektiv *A* auf das mit *B* bezeichnete Linsensystem projizierte Bild wird in der weiteren Folge der Projizierung wiederum auf eine sehr kleine Fläche zusammengezogen und umgedreht ($O_1 — O_2$). Das Lichtstrahlbündel wird zuerst convergent, dann wieder divergent. Das Strahlenbündel passiert auf seinem engsten Platz das Spiegelchen *D*. Dieses Spiegelchen ist, wie wir wissen, der Spiegel des Oszillographen *C*, welcher mit der Achse des Lichtbündels einen 45^0-Winkel einschließt. Eben darum reflektiert sich die Lichtgarbe an diesem Punkte in einem Rechteck (unter 90^0), und das Bild erscheint auf der Wand *F*. Die Wand *F* ist undurchsichtig und nur in der Mitte hat sie eine regulierbare Oeffnung *H*, das Bildzerleger-Diaphragma. Das ist der einzige Punkt, wo das Licht zu dem lichtwahrnehmenden Organ durchdringen kann. Von der gewählten Größe dieser Oeffnung hängt also eigentlich die Größe der „Bildelemente“ bzw. die Feinheit der Teilung ab. Wenn z. B. die Oeffnung 1 mm^2 groß ist, so werden die Bildelemente ebenso groß sein. Von der Größe dieser Oeffnung ist auch die Bewegung des Spiegels des Zerleger-Oszillographen *D* abhängig. Wir wissen, daß dieses Spiegelchen zwecks Zerlegung des Bildes in zwei aufeinander senkrechte Richtungen Bewegungen vollführt.

Die Traverse *E* — die auch die schwingenden Saiten und den darauf geklebten Spiegel *D* des Oszillographen hält —, vollführt in horizontaler Ebene schwingende Bewegungen. Die Zahl der Halb-Schwingungen gleicht der Zahl der in der Sekunde weiterzuleitenden Bilder, also nach der alten Auffassung beträgt sie in jeder Sekunde 10 halbe Schwingungen, nach der neueren Auffassung 3—5 halbe Schwingungen. Das Maß dieser seitlichen Schwingungen wird im Winkel bestimmt durch die halben Oeffnungswinkel des Strahlenbündels des Bildes. Wenn z. B. der Oeffnungswinkel der Strahlen des projizierten Bildes 40° ist, so vollführt das Spiegelchen *D* Winkelschwingungen von 20°. Infolge dieser Schwingung würde sich der mittlere Streifen des auf der Diaphragmawand *F* projizierten Bildes über die Zerlegeröffnung *H* bewegen. Das Ziel ist aber, die g a n z e Ebene des Bildes über die Zerlegeröffnung vorbeizuführen. Während also der Spiegel *D* mit der Traverse rechts und links schwingt, vollführt er auch gleichzeitig unter der Wirkung von Stromstößen auf den Saiten des Oszillographen schnelle Schwingungen. Die Zahl der halben Schwingungen hängt nun zuerst von der Größe der Diaphragmaöffnung *H* und von der Breite des Bildes ab. Wenn z. B. die Oeffnung 1 mm² groß ist, so wird die Zahl der halben Schwingungen des Spiegels an den Saiten, angenommen, daß das auf *F* projizierte Bild z. B. 10 cm (= 100 mm) breit ist, ebenso groß sein. Während des Auf- und Abschwingens des Spiegels bewegt sich das Bild einmal seitwärts über die ganze Diaphragma. Wenn wir während dieser Zeit 1 mm² große Bildelemente haben wollen, so muß das Bild bei jedem Millimeter seiner Seitwärtsbewegung auch einmal in seiner ganzen Länge auf- oder abwärts entlang der Diaphragma geführt werden. Wenn aber die Diaphragmaöffnung ¼ mm² groß ist, so muß auf jede Halbmillimeter seitliche Bewegung des Bildes eine Bewegung in vertikaler Richtung folgen. Im ersten Falle muß also das Bild bzw. der das Bild bewegende Spiegel während jeder seiner Seitwärtsschwingungen 100 halbe = 50 ganze Schwingungen in vertikaler Richtung ausführen. Wollen wir das Bild nicht auf 1 mm² große Bildelemente, sondern auf ¼ mm² große Bildelemente zerlegen, so bleibt die Zahl der seitlichen horizontalen Schwingungen die gleiche, in vertikaler Richtung verdoppelt sich aber deren Zahl. Wenn wir die Feinheit der Zerlegung auf $^1/_9$ mm² erhöhen, so steigert sich die Schwingung des Spiegels um das Dreifache, die Zahl der Seitwärtsschwingungen bleibt aber die frühere. Die G r ö ß e der Bilder hat auf die Zahl der Schwingungen keinen unmittelbaren Einfluß, dieselbe ist nämlich abhängig von dem Maß der Ablenkung des Spiegels und von der Entfernung zwischen dem Spiegel *D* und der Diaphragmawand *F*. Der Zwangszusammenhang zwischen den seitlichen Schwingungen und dem Oszillieren in vertikaler Richtung bestimmt also die Feinheit der Bildzerlegung, d. h. die Diaphragmaöffnung *H*, und zwar ungefähr so, daß der Spiegel *D* während der Dauer einer seitlichen Schwingung so viel Halb-Schwingungen auf und ab ausführen muß wie oft die Breite des gewählten Bildelementes in der Bildbreite enthalten ist. Dieser Zusammenhang ist aber aus zwei Gründen nicht linear: vor allererst darum nicht, weil die durch den schwingenden Spiegel gegen die Wand *F* projizierte optische Achse auf der Oberfläche *F* keine regelmäßigen sich nebeneinanderreihende parallele Linien beschreibt, sondern einer sogenannten Sinuskurve ähnliche Bahn, bei welcher neben den relativ großen Amplituden die Knotenpunkte äußerst stark zusammengedrängt sind. Die Bahnlinie der Bildführung entspricht der Stärke der Diaphragmaöffnung (s. Abb. 96 „*H*"). Wenn wir annehmen, daß diese Oeffnung 1 mm breit ist, so ist es klar, daß die Knotenpunkte überall dieselbe Entfernung voneinander haben müssen, d. h. die Konturen der Bahnlinien der Bildführung müssen einander berühren. Die Teile dieser zusammengedrängten Wellenlinie werden einander an mehreren Punkten decken. Vor allererst an den Plätzen des Richtungswechsels. Also oben und unten werden sie, wenn die Berührung auch in der Mitte der Bahnlinie stattfinden soll, stärker ineinander „fließen". Die teilweise Deckung der Linie wird sich aber auch gegen den rechten und linken Rand der Bildoberfläche einstellen. Die Ursache hierfür ist die zweite, ebenfalls nicht lineare Bewegung, welche der Spiegel *D* mit seiner seitlich vollführten Bewegung auf die Wand *F* projiziert. Die durch den Spiegel *D* geschwungene Bildebene, die eine ebene Fläche ist, bewegt sich eigentlich auf einem Bogen, und so wird die Geschwindigkeit der Projektion gegen den Rand veränderlich. Dieser Umstand ist leicht auszuschalten, indem wir die die Schwingungen des Spiegels *D* verursachenden Kontaktpunkte an dem kommutatorähnlichen rotierenden Schalter nicht regelmäßig einteilen, sondern in abnehmender und zunehmender Entfernung auf dem Isolierungsgrund unterbringen. Dadurch wird die Schwingungszahl des Spiegels während einer halben Umdrehung (also auch während einer Seitenschwingung) entsprechend der veränderlichen Geschwindigkeit der Projektion erhöht bzw. vermindert.

Diese Einrichtung gibt also die Möglichkeit der Korrektion. Die vorher erwähnte Deckungsmöglichkeit ist auf folgende Weise auszuschalten: Wir wählen — wie es aus der Abbildung ersichtlich — den Schwingungswinkel des Spiegels *D* — und damit zugleich auch die Amplituden der Bildbahn — höher als die Höhe des Bildes ist, und die nicht erwünschten Deckungsstellen schirmen wir ganz einfach ab.

Es muß noch bemerkt werden, daß die Ausschaltung der Deckungsstellen aus wesentlichen Gründen nicht unbedingt notwendig ist, da ja zwischen der Sende- und Empfangsstation eine synchrone Bewegung stattfindet und so sich deren Deckungsstellen an gleichen Punkten einstellen. Sie verursachen also höchstens einen Schönheitsfehler, da diejenigen Bildelemente, die sich auf den Deckungsstellen befinden, in der Zeit, während die übrigen Bildelemente nur einmal, zweimal übertragen werden. Dies würde wiederum bis zu einem gewissen Grade das Dominieren dieser Bildelemente, bedeuten und dadurch wird das Bild „gestreift".

Die Diaphragmawand *F* und an dieser die Oeffnung *H* ist in der Praxis nur dann notwendig, wenn das lichtwahrnehmende Organ (z. B. die lichtempfindliche Oberfläche einer Selenzelle oder die Lichtöffnung einer Photozelle) größer ist, als die Größe des gewählten Bildelementes. In diesem Falle ist natürlich diese „Wand" eine aus keinem wirklich undurchsichtigen Stoff verfertigte Platte, an welcher die Oeffnung *H* als Bohrung auftritt. Wir dürfen nicht vergessen, daß die winzige Diaphragma-Oeffnung selbst bei einer dünnen Platte ein kurzes Röhrchen bilden wird, wobei der Lichtverlust relativ sehr groß ist. Eben darum ist derjenige Teil der Diaphragmawand, wo sich die Oeffnung befindet, ein häutchenartiges dünnes Glasplättchen, auf dessen Rückseite ein dünner, aber undurchsichtiger Silber- oder ein anderer sogenannter Metallspiegel niedergeschlagen wird, auf welche Schicht wir nun auf den nötigen Stellen von gewünschter Größe eine durchsichtige Oeffnung gravieren. Das lichtempfindliche Organ liegt in diesem Falle unmittelbar an der Schicht. Von dieser Schicht trennt es höchstens eine sehr dünne Isolierlackschicht.

Die Erwähnung all dieser genauen Details ist darum wichtig, denn leider hat uns die Praxis gelehrt, daß selbst die größte Sorgfalt zur Vermeidung von Lichtverlusten gerechtfertigt ist.

Die Größe des Spiegels des Bildzerleger-Oszillographen kann man im Prinzip nach Belieben wählen, da man ja den zum Arbeiten dieses Oszillographen notwendigen Wechselstrom ohnehin künstlich erzeugt. Natürlich hängt die Größe des Spiegels von den übrigen Maßen des Oszillographen ab, außerdem beeinflußt die Größe des Spiegels auch die Größe des Stromes, den er zu seiner Arbeit benötigt. Diese Tatsache bestimmt die oberen Grenzen des Spiegelmaßes. Die untere Grenze des Spiegels *D* wird durch den Umstand bestimmt, daß je kleiner er ist, eine um so größere Verkleinerung, Zusammenziehung des Bildes erforderlich ist, und das ist wieder mit Lichtverlusten verbunden. Die Experimente haben als günstigstes Maß dieses Spiegels 9 mm² (3×3 mm) ergeben.

Der Spiegel *D* ist (wie die sogenannten Mikroskopdeckplatten) aus Häutchenglas verfertigt. Seine Vorderseite ist mit einer Silberschicht versehen und gespiegelt, damit selbst diese dünne Glasplatte keine Strahlenbrechung und keinen Lichtverlust verursache.

Die regelmäßige Form, aber hauptsächlich die regelmäßige symmetrische Befestigung an den Saiten des Oszillographen ist von hervorragender Wichtigkeit, da selbst die kleinste Assymmetrie eine unebene Schwingung verursacht und der Oszillograph auf der einen oder anderen Seite „zieht“.

Zur Kontrollierung der Arbeitsfähigkeit des lichtempfindlichen Organs ist, wie aus der Abbildung 86 zu ersehen, eine lichtintermittierende Scheibe untergebracht, mit deren Hilfe wir imstande sind, zu überwachen, ob das lichtempfindliche Organ auch tatsächlich auf die Lichtänderungen reagiert.

Die übrigen Teile der Sendestation des Telehors stimmen mit dem schon vorher besprochenen Projekt überein.

Bei der Ausführung der Empfangsstation des Telehors ist die wesentlichste Aenderung, daß als Lichtquelle statt der unverläßlichen Gleichstrom-Bogenlampe eine Wolfram-Bogenlampe verwendet wird.

Wie wir es schon bei unseren früheren Ausführungen sahen, war die Frage der Lichtquelle der Sendestation eines der schwersten Probleme des Fernsehens. Vor allererst brauchen wir eine sehr große Lichtintensität, die wir ohne wesentlicheren Verlust mit einer geeigneten optischen Einrichtung auf eine sehr kleine Fläche konzentrieren müssen. Prinzipiell entspricht auch die Gleichstrom-Bogenlampe diesen Bedingungen, aber die sogenannte Wanderung des Lichtbogens macht sie für die Praxis fast unbrauchbar. Im Augenblick nämlich, wo sich der Lichtbogen und der Krater aus der

Achse seiner konzentrierenden Optik fortbewegt, verblaßt das Lichtpünktchen, welches das Bild „abschreibt".

Die Wolfram-Bogenlampe bedeutet in dieser Frage einen bedeutenden Fortschritt (s. Abb. 97). Die das Licht ausstrahlende glühende Kugel glüht unbeweglich, gleichmäßig und wegen ihrer kleinen Kugelform ist ihr Gebrauch für optische Zwecke äußerst

Fig. 97. Wolfram-Bogenlampe (Punktlicht-Lampe) mit dem zugehörigen Widerstand.

günstig. Ihre auf die Flächeneinheit fallende Intensität ist aber niedriger wie die der normalen Bogenlampe. Um die etwa störende Wirkung dieses Umstandes auszuschalten, können wir folgende Einrichtung benützen. An der Saite des Relais-Oszillographen ist nicht einer, sondern übereinander sind drei Spiegel, sagen wir *a*, *b*, *c*, aufgeklebt, und zwar so, daß der mittlere Spiegel mit seiner ganzen Ebene auf den Saiten liegt, *b* und *c*, die sich gegen *a* neigen, schließen aber mit den Saiten einen Winkel ein. Die Spiegelchen *a*, *b*, *c* werden durch drei Wolfram-Bogenlampen, jedes mit einer eigenen Optik, beleuchtet, infolgedessen decken sich die von hier aus reflektierten Lichtpunkte in einem Punkte.

Fig. 98. Die Jenkins'sche Versuchsanordnung (links: Sender, rechts: Empfänger, unten: die Zerleger-Prismenringe).

Die übrigen Abweichungen der Empfangsstation des Telehors von dem Originalplan sind hauptsächlich werkstatt-technische und wegen Platzmangel können sie hier nicht näher besprochen werden.

Während der letzten Monate haben außer den schon bereits erwähnten Forschern auch zahlreiche andere — teilweise experimentell — die Frage des Fernsehens zu lösen versucht. Wenn auch die neuen Projekte viele interessante Kombinationen und Einfälle aufweisen, hatte leider keiner von ihnen etwas Neues gebracht, keiner von ihnen zeigte einen neuen Weg. Die neuen Projekte bedeuten zumeist nicht immer glückliche Kombinationen der einzelnen Teile der alten Projekte. All diese Projekte verraten auf diesem Gebiete eine gewisse Unerfahrenheit. Bei den meisten von ihnen sind sofort die Stellen zu entdecken, die sich schon bereits früher als undurchführbar erwiesen haben und heute noch undurchführbar sind. Trotzdem kann man mit Freude feststellen, daß die praktische Arbeit fast in der ganzen Welt begonnen hat.

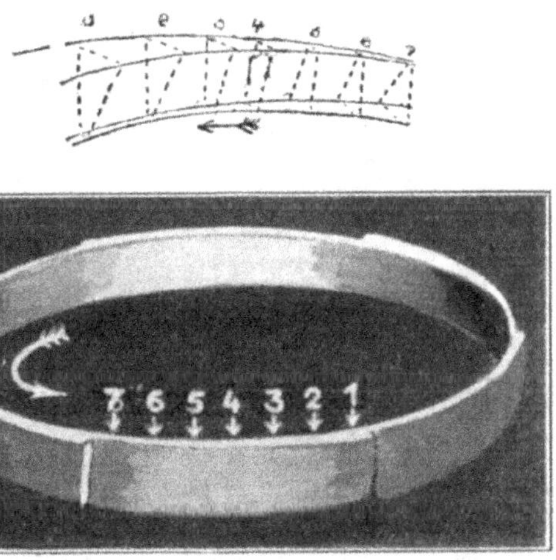

Fig. 99. Die Jenkins'schen Ringprismen.

Diese Tatsache ist ein deutlicher Beweis, daß die Abneigung gegen dieses Thema aufgehört hat, und daß die praktische Verwirklichung des Fernsehens schon nicht mehr ferne ist, denn die zu solchen Sachen notwendige günstige Atmosphäre ist geschaffen.

Wenn es auch meine Meinung ist, daß der einzige Weg, der zur praktischen Verwirklichung des Fernsehens führt, in diesem Buche niedergelegt ist, wird es der Vollständigkeit halber nicht uninteressant sein, auch die übrigen aufgetauchten Lösungen zu besprechen.

Unter den neuen Forschern arbeitet vielleicht der Amerikaner C. Francis Jenkins mit dem größten Eifer.

Den Jenkins'schen Apparat zeigt Abb. 98. Er besteht wesentlich aus zwei sich drehenden Prismenscheiben; aus einer primären und sekundären Zerlegerscheibe. Eine Ausführungsform der Ringprismen zeigt die Abb. 99, und deren Wirkungsweise ist ersichtlich aus Abb. 100. Mittels des Objektivs vollführt das durch zwei rotierende Scheiben projizierte Bild infolge deren Drehung Schwingungen in aufeinander senkrechter Richtung, und so wird das Bild entlang einer Selenzelle

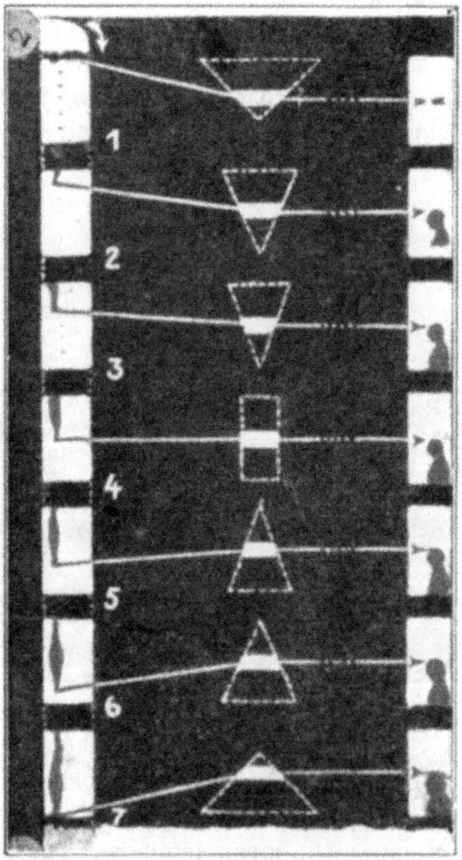

Fig. 100.
Die optische „Führung“ durch Ringprismen.

geführt. Die in der Selenzelle hervorgerufenen Impulse soll ein Radiosender zur Empfangsstation übermitteln, wo die anlangenden Stromimpulse in eine Kerr'sche Zelle geleitet werden, welche den Impulsen entsprechend, durch die zwei drehenden Prismen das Licht einer Lampe bis zum Projektionsschirm durchläßt, auf welchem der bald aufblitzende, bald erlöschende Lichtpunkt in einer der

Zerlegung des Bildes entsprechenden zickzackartigen Linie entlanggeführt wird.

Die auffallenden Mängel dieses Projektes sind naheliegend.

Das Prinzip der Bildzerlegung sieht dem schon erwähnten Weillerschen Projekt ähnlich. Noch mehr Aehnlichkeit hat es mit den Doppel-Spiegel-Prismen von Schmierer. Bei den Ringen der Jenkin'schen drehenden Prismen ist der Lichtverlust noch größer als bei den Spiegel-Prismen. Natürlich bleiben die alten Schwierigkeiten und Unannehmlichkeiten, die wir bei allen Apparaten sehen, wo die Bildzerlegung mit Hilfe einer primären und sekundären Zerlegerscheibe geschieht, auch hier bestehen, d. h. bei der sekundären Scheibe ergibt sich entweder eine sehr große Dimension oder eine äußerst hohe Umdrehungszahl.

Von der Selenzelle, die Jenkins zum Lichtregistrieren benützt, fehlt jede nähere Angabe. Alle Beschreibungen erwähnen sie als „Selen-Stück".

Scheinbar hatte Jenkins bei seinen praktischen Experimenten ansehnliche Lichtverluste gehabt. Es scheint auch, daß ihm keine entsprechend empfindliche Selenzelle zur Verfügung stand, denn nach den neuesten Meldungen gab Jenkins seinen ursprünglichen Plan des Fernsehens auf und experimentiert mit der mittelbaren Methode — mit der Fernkinematographie, d. h. er projiziert das Bild des Gegenstandes nicht unmittelbar, sondern versucht, einen von dem Gegenstand verfertigten Film weiterzuleiten, wobei die gut kontrastierten Bilder mit einer künstlichen Lichtquelle auf dem Fernseher projiziert werden. Diese Methode stellt — wie wir wissen — einen Mittelweg zwischen Bildtelegraphie und Fernsehen dar. Beim Sender wird nämlich das photographische Verfahren beibehalten, nur beim Empfänger kommt es in Fortfall.

Jenkins gebraucht auf der Empfangsstation bei seinem Fernseher als Lichtrelais eine Kerr'sche Zelle. Es ist zweifellos, daß ihm bei diesem Projekte kaum Ergebnisse praktischer Experimente zur Verfügung standen. Er meint, daß zu diesem Zwecke die relativ geringe Empfindlichkeit der Kerr-Zelle mittels Verstärkerröhren zu überbrücken sein wird, d. h. er nahm daß Maß der Verstärkung auch praktisch als unbegrenzt an. Wir wissen aber, daß dies leider nicht der Fall ist. Die Stromimpulse, die eine Selenzelle, bei den beim Fernsehen vorkommenden Lichtintensitätsänderungen — z. B. in der Sekunde 30 000 Aenderungen angenommen — hervorrufen kann, ist mit keinerlei Verstärkung — wenigstens heute noch — so zu „verstärken“, daß dieselben sich zur Beeinflussung einer Kerr-Zelle eignen.

Jenkins rechnet übrigens auch nicht mit dem Umstand, daß bei der Kerr-Zelle mindestens 50 % des Lichtes verloren geht. Dies bedeutet aber bei den heut bekannten Lichtquellen ein unüberwindbares Hindernis.

Praktisch kann nämlich eine 1 cm² große glühende Lichtquelle mit einem vorteilhaften Linsensystem ohne größeren Lichtverlust und Lichthofbildung zu einem Lichtpunkte mit 1—1,3 mm² Oberfläche zusammengezogen werden. Diese Verkleinerung kann

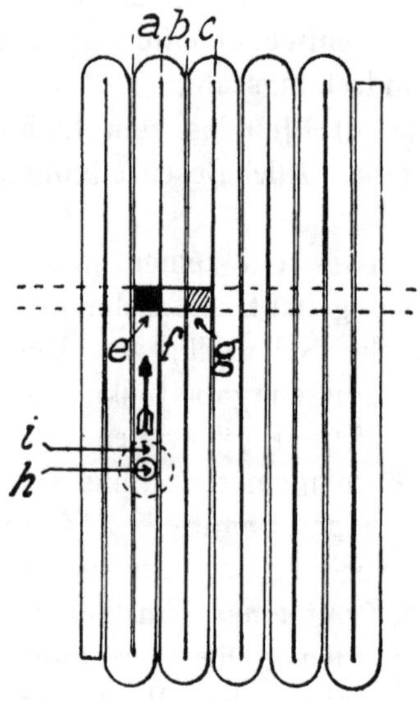

Fig. 101.

mit Hilfe verschiedener komplizierter optischer Einrichtungen — zu Lichtpunkten ohne Lichthöfe — noch fortgesetzt werden. Die Lichtintensität würde aber in diesem Falle rapide fallen. Die Lichthoflosigkeit bei dem das Bild „beschreibenden“ Lichtpunkt ist schon deswegen unerläßlich, denn sonst würde der Lichthof den Lichteindruck, des mit ihm benachbarten Punktes beeinflussen. Nehmen wir z. B. an, daß in der Bildebene auf eine horizontale Linie (s. Abb. 101) auf drei Nachbarstreifen des Bildes in *a*, *b* und *c* drei Bildelemente von verschiedener Schattierung liegen; *e* ist z. B. ganz dunkel, *f* ganz hell, und *g* von mittlerer Schattierung. Geleitet durch ein geeignetes Lichtrelais, vollführt der das Bild beschreibende Lichtpunkt *h* tatsächlich fehlerlos die diesen Punkten entsprechenden Intensitätsänderungen. Um den Lichtpunkt *h* ist aber der Lichthof *i*. Wenn der Lichtpunkt *h* den Streifen *a* durchläuft, so verlöscht er tatsächlich, verdunkelt sich dermaßen, wie es das der Stelle entsprechende Bildelement erfordert. Wenn aber Punkt *h* den hellen Punkt *f* bildet, so würde er aus ganzer Kraft aufblitzen, zugleich entsteht aber der Lichthof *i*, welcher den früher dunkel gelassenen Punkt *e* und auch die Stelle des auf den nächsten Streifen *c* liegenden Punktes *g* bestrahlt. Da wir aber infolge der Trägheit unserer Augen diese schnellen Lichteindrücke nicht einzeln, sondern auf einmal wahrnehmen, ist unser Gesamteindruck statt dem dunklen Bildelement *e* eine mittlere Schattierung, und statt der mittleren Schattierung *g* ein helles Bildelement. Das Bild würde also, wie wir das oft bei den durch Phototelegraphie übertragenen Bildern sehen, verzerrt sein. Bei dem sich bewegenden Lichtpunkt ist also die Verkleinerung des Kerns ganz wertlos, wenn sich der Lichthof *i* bildet. Auf eine Oberfläche, entsprechend der Größe eines Bildelementes ist also etwa 1 cm² große Lichtquelle ohne wesentliche Verluste zu konzentrieren. Die spezifische Helligkeit (Kerzen pro qcm) ist aber folgende:

Gleichstrom-Bogenlampe	8—16 000
Wechselstrom-Bogenlampe	3— 7 000
Wolfram-Bogenlampe	2— 4 000
Kalklicht-Lampe	800— 1 000
Halbwatt-Lampe	500— 700
Nernst-Lampe	300— 350

In ein 1 mm² großes Bildelement könnte man also theoretisch im Höchstfalle 16 000 Kerzen konzentrieren. Bei den notwendigen optischen Einrichtungen vermindert sich aber diese Zahl auf ca. 10 000 Kerzen. Da dieser 10 000 Kerzen lichtstarke 1 mm² große Punkt 10 000 Bildelemente bilden muß, ist es klar, daß auf ein Bildelement 1 Kerzen-Lichtstärke kommen würde. Diese Lichtstärke erleidet aber bei der „Kerrschen“ Zelle weitere 50—55 % Verluste, was selbst bei diesen minimalen praktischen Erfordernissen die deutliche Sichtbarkeit des Bildes gefährdet. Aus diesem Grunde kann man das Jenkinsche Lichtregistrierverfahren als nicht besonders glücklich gewählt bezeichnen.

Der Engländer G. L. Baird benützt zur Zerlegung des Bildes einen Bildzerleger (Abb. 102), die zweite Scheibe dreht wiederum die Linsenprojektionen kreuzenden Schlitze (Sekundärzerleger). Diese Anordnung ist sowohl der Brillouinschen wie auch hauptsächlich der Majoranaschen Anordnung — die wir im ersten Teil dieses Buches kennenlernten — ähnlich. Alle diese Zerlegungsprojekte haben — wie wir schon wissen — den gemeinsamen Fehler, daß im Falle der praktisch erforderlichen Zerlegung bei der Sekundärzerlegerscheibe entweder eine sehr große Dimension oder eine unangenehme hohe Umdrehungszahl notwendig wird. Der bei dem Linsenkranz angeblich

Fig. 102. Der Baird'sche Linsen-Kranz.

erreichte optische Gewinn zieht wiederum eine zweifellos sehr heikle werkstatt-technische Schwierigkeit nach sich, man muß nämlich auf eine sich drehende Scheibe eine größere Anzahl Linsen vollkommen präzis mit paralleler optischer Achse unterbringen, denn die hier etwa vorkommende kleinste Unpünktlichkeit würde die ganze „Bildführung" verwirren.

Baird gebraucht zur Lichtwahrnehmung auf der Sendestation eine Photozelle. Ein Bild bei natürlichem Sonnenlicht kann er wahrscheinlich wegen der bereits erwähnten relativen Unempfindlichkeit der Photozelle nicht aufnehmen, statt dessen läßt er den zu übertragenden Gegenstand von rückwärts mit künstlichem Licht stark beleuchten und dessen Schattenbild projiziert er auf dem Bildzerleger.

Auf der Empfangsstation bewegen die durch ansehnliche Röhrenverstärker anlangenden Stromstöße das Strahlenbündel eines Braunschen Röhren ähnlichen Lichtrelais. Diese Lichtrelais-Anordnung — welche übrigens Abb. 103 zeigt — haben, wie wir wissen, schon mehrere anempfohlen, da dieselbe trägheitslos arbeitet. Die Lichtstärke, die in der Braunschen Röhre zur Verfügung steht, ist aber so gering, daß man höchstens einige hundert Bild-

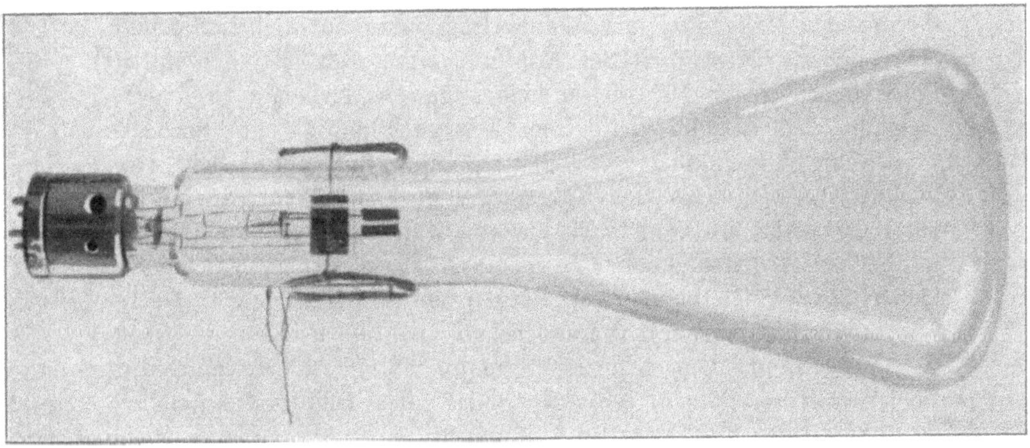

Fig. 103. Ein Braun'sches Rohr als Lichtrelais.

elemente mit ihr projizieren kann. Baird fängt, damit er mit der ungenügenden Lichtstärke doch einen befriedigenden Gesamtlichteindruck erwecken kann, die durch das Lichtrelais projektionierten Bildelemente auf einen phosphoreszierenden Glasschirm auf. Mit dieser Neuerung ist es ihm angeblich gelungen, das auf der Abb. 88 sichtbare Schattenbild einer lebenden Person auf den Projektionsschirm der Empfangsstation zu reproduzieren, indem er vor den Sender den Kopf der betreffenden Person durch Reflektoren mit grellem Licht beleuchtete. Nach den hierauf bezüglichen Mitteilungen war z. B. die Bewegung des Mundes deutlich erkennbar. Wenn die veröffentlichte Bildübertragung einer jeden Korrektion und Retusche entbehrt, so muß das bei den relativ primitiven und schwerlichen Mitteln, mit denen Baird arbeitet, als ein schönes

Resultat betrachtet werden. Leider scheint dieser Voraussetzung der Umstand zu widersprechen, daß auf dem veröffentlichten Bilde keine Spur von Streifen zu entdecken ist, die bisher bei allen selbst durch viel präzisere elektrische Bildübertragungsapparate reproduzierten Bildern zu sehen war, und die so überaus charakteristisch für die Uebertragung der Bilder sind. Die Schraffierung der Bilder, die unpünktlichen Grenzen der Linien sind — wie wir wissen — dem Umstand zuzuschreiben, daß sowohl bei der Bildzerlegung wie auch bei der Zusammensetzung derselben, die Zergliederung in der Richtung gewisser Streifen geschieht, und die können selbst bei den präzisest geführten Apparaten hier und dort gewisse Lücken verursachen. Die kleinste — wenn auch nur theoretische — Trägheit der Bildübertragungsorgane zieht unbedingt eine gewisse Gezacktheit der Konturen nach sich. Bei den durch Baird übertragenen Bildern ist keines dieser Merkmale zu finden, trotzdem daß bei der Bairdschen Zerleger- und Zusammensetzereinrichtung Unpünktlichkeiten der „Bildführung" sehr leicht vorkommen können. Das Bild ist verschwommen, entbehrt aber doch jeder Gezacktheit. Wenn auch die von Baird verwendeten Organe trägheitslos arbeiten, kommt in das System — wenigstens bei der Uebertragung sich bewegender Gegenstände — infolge der Nachwirkungen des phosphoreszierenden Schirmes bis zu einem gewissen Grade Trägheit. Der Mangel dieser unbedingt charakteristischen Fehler läßt mit Recht vermuten, daß das Bild wahrscheinlich zumindest retuschiert veröffentlicht wurde.

Uebrigens ist das System von Baird — wie dies aus dem bisher Gesagten ohne weiteres hervorgeht — zur Uebertragung von Bildern, bestehend aus wenigen Bildelementen (2—300), ohne weiteres geeignet, zum praktischen Gebrauch, zur Uebertragung von 8—10 000 Bildelementen ungeeignet.

Mac Farland Moore's (Washington) Apparat zeigt Abb. 104. Wie sofort ersichtlich, ist sein Apparat auch mit einer Zerlegerscheibe geplant, die praktische Ausführung der Konstruktion bedingt also wiederum große Dimensionen oder eine unangenehme Höhe der Umdrehungszahl. Interessant ist zu beobachten, daß die Konstrukteure bei ihren Experimenten sehr oft mit praktisch verminderten Leistungen rechnen, und wenn sie auch mitunter Erfolge erzielen, scheinen sie ganz zu vergessen, daß die Erhöhung der Leistungsfähigkeit (mehr Bildelemente) durch ein einfaches Feinermachen und Schnellerarbeiten des Apparates nicht erreichbar ist, denn dies ist ja eben die zu lösende Frage, und nicht die prinzipielle Zusammenstellung, die schon längst vorhanden.

H. Walton (New-York) wandelt auf denselben Wegen. Er gebraucht genau dieselbe Einrichtung zur Bildzerlegung und Bildzusammensetzung, wie Brillouin, d. h. zwei geschlitzte Scheiben, welche einander in der Bildebene kreuzen. Ueber das Waltonsche Projekt sind bis jetzt nur sehr mangelhafte Beschreibungen er-

Fig. 104. Bildzerleger von Mac Farland Moore.

schienen, so daß man sich ein positives Bild über den Wert seiner Erfindung nicht bilden kann. Auf jeden Fall beweist aber das Projekt der Zerleger- und Zusammensetzereinrichtung: das Fehlen von praktischen Experimenten und in seiner heutigen Form macht diese Einrichtung eine jede praktische Ausführung unmöglich.

Ich will auch eine Fernseheinrichtung erwähnen, die in meinem Laboratorium meine Mitarbeiter zu Demonstrationszwecken erbauten, zur Ermöglichung der pünktlichen Beobachtung und Messung sowohl der drahtlosen Uebertragung, wie auch einiger physikalischer Momente, damit die präzise Dimensionierung des endgültigen Modells ermöglicht werde. Die Konstruktion diente ursprünglich sogenannter Selenphotographie, und nur während des Experimentierens sah man es, daß es bei primitiven Erfordernissen auch für Fernsehexperimente geeignet ist.

Der Apparat beruht auf denselben Prinzipien, wie das dritte Modell des Telehors. Nur seine Ausführung ist primitiver, seine Leistungsfähigkeit beschränkter.

Das Objektiv (s. Abb. 105) projiziert — damit die komplizierte optische Einrichtung vermieden werden kann — den Strahlenbündel

Fig 105. Demonstrations-Fernseher-Anordnung.

des Bildes durch einen relativ großen Spiegel (der zur optischen Achse der Linse in einem 45°-Winkel steht) auf die Diaphragmawand, hinter deren Oeffnung die Selenzelle untergebracht wird.

Der Spiegel ist in diesem Falle mehrere Quadratzentimeter groß, und so kann man ihn als Oszillographenspiegel nicht arbeiten lassen, denn zu diesem Zwecke müßte das schwingende System des Oszillographen und zugleich auch seine übrigen Teile sehr groß dimensioniert werden. Zu seiner Schwingung wären außerdem relativ sehr große Stromstöße erforderlich. Eben darum geschieht bei diesem Demonstrationsapparat das Inschwingungbringen des

Spiegels mit Hilfe eines Elektromagneten und einer Exzenterkonstruktion, und zwar das langsame Schwingen bringt der auf einer Scheibe untergebrachte Exzenter zustande. Mittels der Verbindungen läßt der Exzenter eine Hülse zwischen zwei Spitzen um eine horizontale Achse in jeder Sekunde viermal kippen.

In der Hülse zwingt der Elektromagnet gegenüber einer starken Feder den Spiegel um seine vertikale Achse zu schwingen, jedesmal wenn sich der Stromkreis der Magnete durch die Berührungspunkte der Scheibe und durch diese Kontakte berührende Bürste schließt. Diese Schwingung um die vertikale Achse ist die sekundäre Bewegung des Spiegels, welche mit der primären Bewegung — mit dem Schwingen um die horizontale Achse — in Zwangszusammenhang steht, da beide Bewegungen durch die Drehung der Scheibe verursacht werden.

Die Größe der Uebertragungsbilder war bei diesem Apparat nur 3×3 cm, die Einstellung des Apparates geschah auf 1 mm^2 große Bildelemente, d. h. das Bild bestand aus nur 900 Bildelementen, welche der Apparat in jeder Sekunde viermal übertragen hat.

Aus diesen Angaben sind sofort die bei dem Apparat notwendigen zahlenmäßigen Daten ersichtlich. Der Spiegel muß vier halbe Schwingungen vollführen, was bei der Scheibe vier halbe Umdrehungen, d. h. zwei ganze Umdrehungen, in der Sekunde bedeutet.

Während einer halben Schwingung muß aber das Bild auf 30 Stück 1 mm breite Streifen zerlegt werden. Hierzu ist es notwendig, während einer halben Umdrehung der Scheibe den Magneten 15 mal einzuschalten und natürlich auch 15 mal auszuschalten, damit man die erforderlichen 30 halben Schwingungen des Spiegels erreiche. Die Hälfte der Scheibe muß 15 Kontakte, zusammen 30 Kontakte ringsherum haben, welche beim Spiegel in der Sekunde insgesamt 60 halbe Schwingungen (= 30 ganze Schwingungen) verursachen. Dies ist eine Zahl, die selbst der relativ große Spiegel leicht bewältigen kann.

Die Reglerscheibe des Zerlegerapparates treiben wir mit einem elektrischen Motor, welcher mit dem Motor der Bildzusammensetzer-Einrichtung der Empfangsstation (in gleicher Ausführung wie auf der Sendestation) gekoppelt ist, damit man die für die Demonstrationszwecke komplizierte Synchronisierungseinrichtung vermeiden kann.

Die Konstruktion ist für Demonstrationszwecke schon darum besonders geeignet, denn die Optik des Senders besteht nur aus einem gewöhnlichen Objektiv und aus einem einfachen Spiegel. Ebenso fehlt bei der elektrischen Einrichtung die ebenfalls komplizierte Stimmgabeleinrichtung. Diesen Vorteilen gegenüber ist die Konstruktion nicht geeignet, zur Uebermittlung der bei der praktischen Bildübertragung notwendigen Frequenzen, bzw. der entsprechenden Zahl der Bildelemente, zur Zerlegung und Zusammensetzung des Spiegels, denn den hierzu notwendigen Spiegel konnte man mit Elektromagneten schwerlich arbeiten lassen, andererseits könnte der mit der größeren Frequenz arbeitende Umdreherschalter die zu dem Schwingen des Spiegels notwendigen Stromunterbrechungen schwerlich vollführen. Eben darum brauchten wir obige Anordnung nur als Demonstrationsapparat zur Feststellung der Leistungsfähigkeit des lichtwahrnehmenden Organs, des Lichtrelais usw., bei den in der Praxis vorkommenden Lichtintensitäts-Differenzen.

In den letzten Monaten hat auch der Deutsche, Dr. Karolus, die Daten bzw. Resultate seiner Fernsehversuche veröffentlicht. Dr. Karolus ging bei seinen Projekten von der schon öfters erwähnten Auffassung aus, daß das Fernsehen eigentlich nichts anderes ist als eine Bildtelegraphie, wo die Geschwindigkeit der Uebertragung stark gesteigert und die Zeitdauer der Uebertragung bis zu der Trägheitsdauer der Augen vermindert werden muß. Nach den neuesten Veröffentlichungen scheint Dr. Karolus die Möglichkeit des unmittelbaren Fernsehens heute noch für unerreichbar zu halten, denn vorläufig will er ein vermitteltes Fernsehen, über das wir bereits schon gesprochen haben, verwirklichen. Bei diesem Fernsehen wird auf der Sendestation der Gegenstand zuerst photographiert und dann die fertige Photographie mit Hilfe einer künstlichen Lichtquelle in den Sendeapparat projiziert. Auf der Empfangsstation wird das Bild sofort ohne jedes photographische Verfahren sichtbar.

Diese Methode wurde zuerst von Dr. W. Friedel in seinem Buche „Elektrisches Fernsehen“ empfohlen. Wenn eine solche Einrichtung mit einem Kinematographapparat auf der Sendestation lebende Bildprojektion „nimmt“, so ist es natürlich, daß wir auf der Empfangsstation auch lebende Bilder sehen.

(Wie wir bereits erwähnten, versuchte der Amerikaner Jenkins in der letzten Zeit auch einen solchen „Radiofilm“ zu konstruieren.)

Dr. Karolus hat die Verwirklichung seines Planes — den Radiofilm — wahrscheinlich als eine Stufe der systematischen Forschung betrachtet. Prinzipiell steht Karolus scheinbar auch auf dem Standpunkte, daß die Röhrenverstärkung unbegrenzt ist. Eben darum konstruierte er zuerst einen Bildtelegraphen und versuchte dann sowohl dessen Uebertragungsgeschwindigkeit, wie auch das Maß der Verstärkung zu steigern. Diese Experimentreihe ergab angeblich in jeder Sekunde 3 m Zerlegungsgeschwindigkeit, was allerdings ein sehr ansehnliches Resultat ist. Wollen wir ein 5 cm hohes Bild übertragen, das wir auf 1 mm breite Streifen zerlegen, dann

Fig. 106. Der Jenkins'sche „Radio-Film"-Apparat.

ist es möglich (auf Grundlage der Geschwindigkeit von 3 m/sek.), 60 Stück solche 1 mm breiten Streifen zu registrieren, d. h. das 5 cm hohe Bild kann 6 cm breit sein und über eine Oberfläche von 30 cm² verfügen. Ein Bild von dieser Größe könnte der Karolus'sche Apparat innerhalb 1 Sekunde übermitteln.

Der gegenwärtig auch in der Praxis durchgeführte Apparat von Dr. Karolus ist vorläufig nur ein Bildtelegraph. Seine Zerleger- und Zusammensetzer-Einrichtung ist eigentlich nichts anderes, wie die von Prof. Dr. Korn und auch von anderen verwendete Einrichtung; eine durchsichtige Walze (bei Karolus aus Celluloid), die sich während ihrer Drehung in der Richtung ihrer Achse bewegt. Ihre Oberfläche bewegt sich also in der Gestalt einer Schraubenlinie vor einem fixen Punkt. Wenn dieser fixe Punkt das in einem Punkte konzentrierte Licht einer Lichtquelle ist, und um die Walze ein Film gedreht ist, so wird, wie wir wissen, das Licht der Lichtquelle auf das in der Walze untergebrachte lichtempfindliche Organ in demselben Maße wirken, wie es die einzelnen Punkte des sich drehenden Filmbildes nach ihrer Schattierung durchlassen.

Dr. Karolus verwendet zur Lichtwahrnehmung Alkali-Photozellen, die beim Telefunken eine bedeutende konstruktive Verbesserung erhalten haben. Die Karolus'sche Telefunken-Photozelle

Fig. 107. Telefunken-Photozelle.

zeigt Abb. 107. Diese Zelle reagiert trägheitslos bis zu mehreren 100 000 (Periode pro Sekunde) Hertz-Frequenzen. Auch Dr. Karolus ist es nicht gelungen, die Lichtempfindlichkeit bedeutend zu steigern — wenigstens nicht in dem Maße wie es beim Fernsehen erforderlich — und darum plant er — ein Kompromiß schließend — wenigstens beim Sender die Beibehaltung des photographischen Verfahrens.

Selbstredend ist diese mit Trommel arbeitende Einrichtung zum Fernsehen gänzlich ungeeignet. Deswegen will Dr. Karolus bei seinem Fernseher sowohl die Bildzerlegung, wie auch beim Empfänger die Bildzusammensetzung durch eine Kombination der Nipkow'schen Spiralen-Zerleger-Scheibe durchführen. Er schneidet aber die Oeffnungen der Scheibe aus keinem Metallblatt heraus, sondern er verfertigt sie so, daß er auf eine Glas- oder eine andere durchsichtige

Scheibe eine Silber- oder eine andere undurchsichtige Schicht niederschlägt und die notwendigen Lichtöffnungen an den entsprechenden Stellen durch die Entfernung der Schicht herstellt. Durch dieses Verfahren gelingt es ihm zweifellos, die bei solchen Scheiben auftretenden Lichtverluste bedeutend zu vermindern.

Fig. 108. Sender des Phototelegraph-Apparates von Dr. Karolus.

Infolge der schon bekannten zahlenmäßigen Gründe ist die Weiterentwicklung dieses Bildzerlegers bis zu einer Form, die zur Zerlegung von praktischen Dimensionen geeignet ist, nicht anzu-

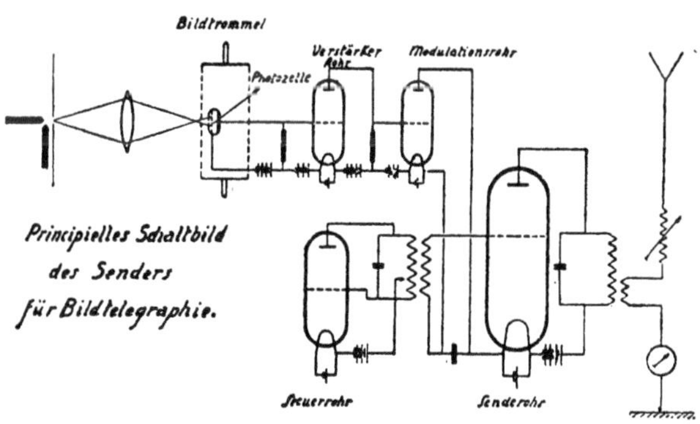

Fig. 109. Schaltungsschema des Karolus'schen Senders.

nehmen. Dr. Karolus wird dieses System wahrscheinlich auch nur während seiner Experimente mit verminderten Dimensionen gebrauchen können.

Die Karolus'sche Sendestation (deren Photographie Abb. 108 und deren Schema Abb. 109 zeigt) gleicht wesentlich den übrigen bereits schon bekannten Bildtelegraphie-Sendestationen. Bei seinem Fernseher-Projekt tritt an Stelle der Trommel eine Nipkow'sche scheibenartige Einrichtung.

Auf der Empfangsstation (Abb. 110) ist das die Bildströme registrierende Lichtrelais (sowohl bei seinem Bildtelegraphen wie auch

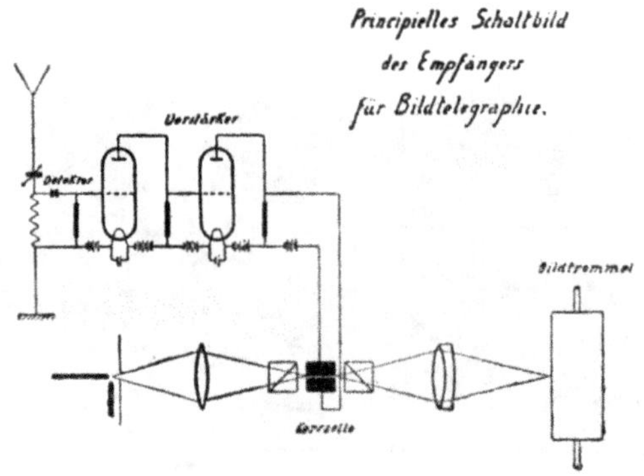

Fig. 110 a. Schaltungsschema des Karolus'schen Empfängers.

bei dem Projekt seines Fernsehers) eine verbesserte Kerrsche Zelle (Abb. 111). Der größte Fehler solcher Zellen ist, daß wenn sie in prak-

Fig. 110 b. Empfänger des Bildtelegraphen von Karolus.

tischer Hinsicht auch als trägheitslose Lichtrelais arbeiten, so erfordert ihr Arbeitenlassen doch sehr ansehnliche Stromimpulse. Dieser Umstand läßt sich natürlich mit den geeigneten Röhrenverstärkern bis zu einem gewissen Grade ausschalten. Eine dermaßen starke Verstärkung der Bildströme aber — die beim eigentlichen Fernsehen besonders durch Photozellen erzeugt werden — die zum Fernsehen genügt, war bisher nicht einmal größenordnungsweise zu erreichen. Dies ist wahrscheinlich die Ursache, daß auch Dr. Karolus nur das Sichtbarmachen künstlich durchleuchteter Filmbilder erstrebt. Der andere Fehler der Kerr'schen Zelle ist, daß die Nichol'schen Prismen und die Flüssigkeit ungefähr die Hälfte des durchdringenden Lichtes verschlingen. Der übrigens naheliegende Gedanke, daß man

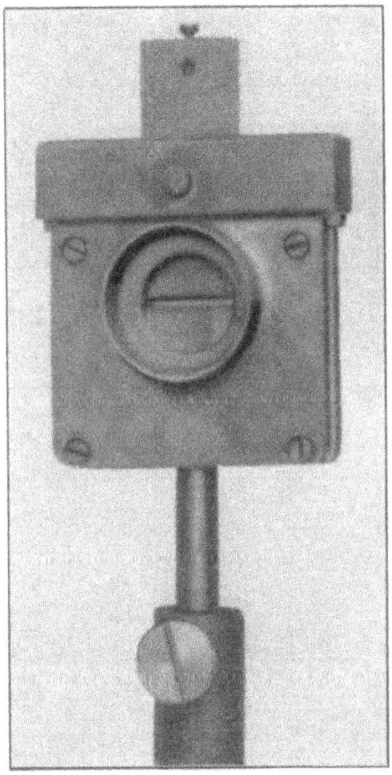

Fig. 111.
Eine Kerr-Zelle, welche durch Karolus für die Bildtelegraphie verbessert wurde.

ausgleichshalber die Stärke des durchleuchtenden Lichtes steigern muß, ist in der Praxis leider undurchführbar. Betreffs der Lichtintensität der Flächeneinheit sind wir — wie bereits schon erwähnt — gebunden, wir sind aber auch gebunden betreffs des Querschnittes der Kerrzelle. Die Empfindlichkeit der Kerrzelle ist nämlich um so größer, je länger die Flüssigkeitssäule ist und je näher die Kondensatorplatten zueinander stehen. Die Verbesserung dieser zwei Bedingungen geschieht eben auf Kosten der durchlaßbaren Lichtstärke (je größer die Nitro-Benzolsäule ist, um so größer wird die Lichtabsorbtion; je näher die Kondensatorplatten zueinanderstehen, um so kleiner ist der Projektions-Querschnitt). Das Auseinanderziehen der Kondensatorplatten macht wiederum die starke Steigerung der zur Beeinflussung gebrauchten Potentialdifferenzen

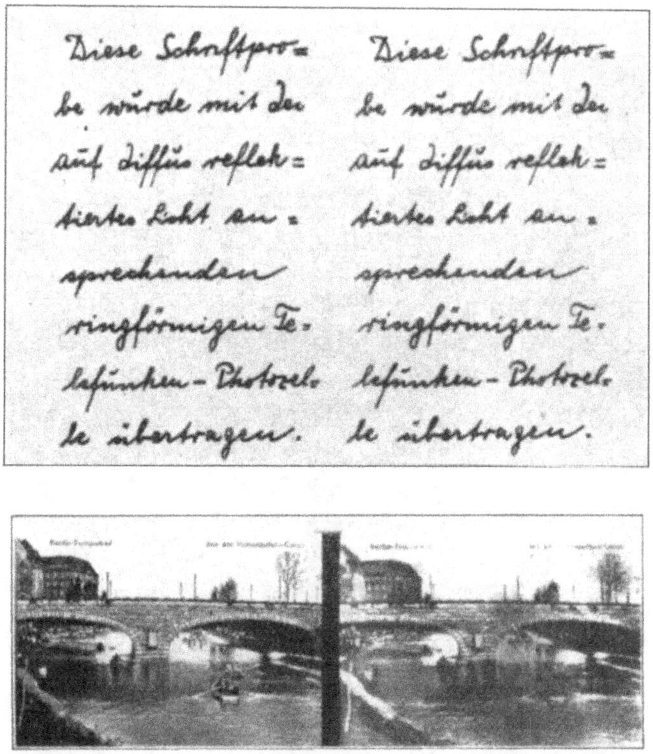

Fig. 112.
Bildübertragungen mittels des Karolus'schen Phototelegraphen.

notwendig, was in der Praxis — wie wir wissen — nur bis zu einer gewissen Grenze verzerrungsfrei geschehen kann. Einige durch den Karolus'schen Bildtelegraphen übertragene Bilder zeigt Abb. 112.

5. Die Entwicklungsrichtungen der Bildübertragung.

Ich hoffe, daß es mir gelungen ist, in den vorhergehenden Kapiteln ein vollständiges Bild über den Stand der Bildübertragung bzw. hauptsächlich des Fernsehens zu geben. Ich habe versucht, über die bisherigen Forschungen, über deren Resultate zu berichten und diejenigen Leistungsgrenzen aufzuzählen, die wir von den einzelnen Teilen der Fernsehkonstruktionen erwarten können.

Die Aktualität dieser Frage ist zweifellos. Ebenso zweifellos ist es, daß auch in praktischer Hinsicht in den nächsten Jahren die Lösung dieser Frage erfolgen wird. Der Erbauung eines auch praktisch brauchbaren Modells steht hauptsächlich der Umstand im Wege — wie ich dies bereits schon auseinandergesetzt habe —, daß zu den Fernsehversuchen eine äußerst vielseitige technische Vorbereitung erforderlich ist, und so zu den Versuchen ein relativ sehr großes Kapital gebraucht wird. Eben jenen Kreisen wird hierdurch der Weg der Fernsehforschung versperrt, die in normalen Zeiten die führende Rolle inne hatten. Die Ausrüstung einzelner isolierter Universitäts-, Fabriks- oder anderer Privatlaboratorien ist nämlich zur Durchführung der Versuche nicht geeignet.

Das Fernsehen ist heute kein Problem mehr. Ein praktisches Modell wäre aber nur so zu erreichen, wenn wir die einzelnen Teilresultate der verschiedenen Versuche immer unter den der Wirklichkeit entsprechenden und nicht zwischen künstlich erzeugten — den praktischen Erfordernissen nicht genügenden — Verhältnissen untersuchen könnten.

Diejenigen praktischen Forscher, die die finanzielle Möglichkeit haben, zu experimentieren, arbeiten zumeist — abgesehen von einigen wenigen Ausnahmen — infolge ihrer Unerfahrenheit in einer Richtung, deren Aussichtslosigkeit zweifellos ist.

Das notwendige Kapital, das die Durchführung der Fernsehexperimente erfordert, könnte nur dann vermindert werden, wenn alle die in dieser Richtung arbeiten, sich vereinigen würden, wenn man während des Experimentierens gemeinsam, systematisch und mit Arbeitsverteilung arbeiten könnte.

Der Weg, der zum Ziel führt, und die Möglichkeiten der Lösung werden glücklicherweise von Tag zu Tag klarer. Der Hauptzweck dieses Buches ist eigentlich, diese möglichen, aussichtsverheißenden Wege zu zeigen, und damit allen zur Arbeit bereiten Kräften den richtigen Weg weisen. Zur Ergänzung wird es vielleicht nicht uninteressant sein, die schon heute gangbaren Wege, die Grenze ihrer Leistungen und die Möglichkeiten, die uns neue Wege eröffnen, kurz zusammenzufassen.

Die Bildübertragungsmethoden können folgendermaßen eingeteilt werden:

a) Bildtelegraphie auf Leitung;
b) Bildtelegraphie auf drahtlosem Wege;
c) Momentane Bildtelegraphie;
d) Telegraphie lebender Bilder;
e) Eigentliches Fernsehen.

Die unter Punkt *a* und *b* erwähnte einfache Bildtelegraphie, draht oder drahtlos, ist heute bereits als vollständig gelöst zu betrachten. Die heute übertragenen Photographien, Schriften usw. gelangen an die Empfangsstation mit zufriedenstellender Geschwindigkeit und in tadelloser Schärfe. Sie können sowohl als Zeitungsillustrationen benutzt werden, wie auch z. B. im Dienste der Polizei pünktlich erkennbare Fingerabdrücke übermitteln.

All diejenigen Vervollkommnungen, die hier noch erwünscht und auch erreichbar sind, sind fast ausschließlich werkstatt-technische Fragen; so das Verschwinden der die Einheitlichkeit des Bildes störender Straffierung, die Steigerung der Geschwindigkeit der Uebertragung durch eine mit präziser Konstruktion versehene sicherarbeitende Synchronisierungseinrichtung. Der zweite Teil der Frage ist bereits gelöst, wenn man statt der bei der Bildtelegraphie gebräuchlichen arretierenden Synchronisierungseinrichtung, die für die Fernsehapparate geplante, mit periodischen Lichtpausen und Deckungspunkten arbeitende Synchronisierungseinrichtung verwendet.

Uebrigens ist der schnell bzw. richtiger ausgedrückt schneller arbeitende Bildtelegraph eher eine phototechnische als eine elektro- oder radiotechnische Frage, da ja gegenübergestellt der Zeitdauer der Fertigstellung der zum „Senden" notwendigen Photographie und der Entwicklung des ankommenden Bildes die Uebertragungsdauer relativ gering ist.

Die momentane Bildtelegraphie und die lebende Bildertelegraphie stehen bezüglich ihrer technischen Lösung zwischen der Bildtelegraphie und dem Fernsehen. Hier ist von einem solchen Fernsehen die Rede, wo wir das übermittelnde Bild erst photographieren, die Photographie entwickeln und auf normale Weise präparieren. An der Empfangsstation wird nun das derart präparierte Bild mit solcher Geschwindigkeit übermittelt, daß einzelne Punkte ohne den Sammelfilm, nur infolge der Trägheit des Auges den Eindruck eines auf einmal erscheinenden Bildes erwecken.

Die Arbeitsgeschwindigkeit, die Leistungsfähigkeit der einzelnen Teile dieses Systems muß — betreffs der Trägheit — dieselbe sein wie bei dem Fernsehapparat. Der Unterschied zwischen den beiden besteht nur in dem Empfindlichkeitsgrad des lichtwahrnehmenden Organs. Wenn nämlich die Intensitätsunterschiede der Punkte des durch das Objektiv gegebenen Bildes nicht genügen, um bei der erforderlichen großen Geschwindigkeit der Projektion in der lichtwahrnehmenden Selenzelle oder auch Photozelle gut registrierbare Aenderungen hervorzurufen, dann kann man bei genügend langer Exponierung mit dem Objektiv eine ausgezeichnet kontrastierte Photographie gewinnen, die mit künstlichem Licht durchgeleuchtet, trotz der schnellen Uebertragung für elektrische Veränderungen gut umzuwerten ist.

Das oben geschilderte Verfahren würde eigentlich ein Kompromiß bedeuten, wenn nämlich die Empfindlichkeit der lichtwahrnehmenden Organe ungenügend, bzw. das durch das Objektiv projizierte Bild zu lichtschwach wäre.

Das eigentliche Fernsehen schließt hingegen die Brauchbarkeit all dieser Systeme in sich. Es bietet außerdem die Möglichkeit der unmittelbaren Bildübertragung, auch auf anderen bereits schon aufgezählten Wegen. Da das photographische Verfahren gänzlich ausscheidet, bedeutet das Fernsehen auch betreffs der Schnelligkeit einen außerordentlichen Fortschritt.

Der „Radio-Film" wäre zweifellos eine neue Art der Unterhaltung. Uebrigens ist die Beschränkung des Fernsehens auf die alleinige Ausführung des Radio-Filmes nicht mehr stichhaltig, denn sie bedeutet die Voraussetzung solcher Grenzen, die heute bereits überwunden sind.

Wir können also auf Grund der vorherigen Kapitel das bisher Erreichte folgendermaßen zusammenfassen:

a) In der Praxis ist die Geschwindigkeit der weiter zu leitenden Bilder bzw. Bildelemente wesentlich kleiner als bisher — auf Grund von ähnlichen, aber sich als falsch erwiesenen Analogien — von allen Fernsehforschern angenommen wurde.

b) Die Zahl der tatsächlichen Bildelemente ist nicht so groß als wie oft das gewählte Bildelement in der ganzen Bildfläche enthalten ist, sie ist nur ein Bruchteil hiervon, da das Bild nicht schachartig ist, sondern aus größeren Lichtflecken besteht.

c) Allerdings ist es wahr, daß wir trotz des unter Punkt *b* Gesagten, bei den Uebergangsgrenzen der Lichtflecke mit theoretisch sich ändernden Geschwindigkeiten rechnen müssen, denn es können auch scharfe Konturlinien vorkommen, doch deren evtl. Verschwommenheit kommt bei der Uebertragung von lebenden Bildern kaum in Frage. (Ein Beispiel hierfür liefert die Kinematographie, wo die die Bewegungen enthaltenden Filmwürfel als stehende Bilder projiziert, für gewöhnlich „unscharf" sind, deren Gesamteindruck aber trotzdem infolge ihrer schnellen Veränderung den eines scharfen Bildes erweckt.)

Zur Lichtregistrierung steht also in der Praxis eine bedeutend — zwei- bis dreimal — längere Zeit zur Verfügung, als auf Grund der theoretischen Erwägungen zu rechnen war. Daraus ergibt sich, daß die Bildelemente eine zwei- bis dreimal so lange Zeit zur Verfügung haben, um auf das lichtempfindliche Organ einen Lichteindruck auszuüben, als errechnet wurde. Dieser Umstand bedeutet sowohl bei der Trägheitsfrage der lichtempfindlichen Organe eine wesentliche Erleichterung, wie er auch größere elektrische Aenderungen verursachen kann.

Ob bei dem praktischen Fernsehapparat Selenzelle, Photozelle oder ein anderes lichtempfindliches Organ verwendet werden wird, ist heute noch zweifelhaft. Jedenfalls ist es sicher, daß heute noch die Selenzelle entschieden im Vorteil ist wegen ihrer Empfindlichkeit. Und wenn sie auch nicht von gewissen Trägheitsmomenten ganz frei ist, so kann ihre Trägheit bei der erforderlichen Geschwindigkeit der Bildübertragung trotzdem vernachlässigt werden. Sie gibt mit relativ kleiner Verstärkung gut registrierbare Impulse. Demgegenüber sind zwar die neuen Photozellen praktisch trägheitslos, ihre Lichtempfindlichkeit kann aber mit der heut möglichen Verstärkung nicht derart verstärkt werden, daß sie zum Fernseher geeignet sein sollen. Allerdings ist es sicher, daß man durch systematische Forschungen solche Photozellen herstellen wird können, die viel lichtempfindlicher sind als die heute vorhandenen, und daß auch die Frage gelöst werden wird, wie man mit Hilfe der Röhrenverstärker auf dem einfachsten Wege viel größere Verstärkungen erreichen kann. Selbstredend beziehen sich diese zwei Möglichkeiten sowohl auf die Selenzelle wie auch auf andere Organe.

Heute sind wir aber noch auf die Selenzelle angewiesen, die natürlich der Größe des zu übertragenden Bildes bzw. der Zahl der sichtbar zu machenden Bildelemente eine Grenze setzt.

Die Frage des lichtwahrnehmenden Organs, der Lichtempfindlichkeit und der Trägheit ist gleichbedeutend mit der Frage des registrierenden Lichtrelais. Je empfindlicher nämlich das Organ ist, das auf der Empfangsstation die Impulse der anlangenden Bildströme registriert, um so kleiner können die Bildströme sein, also um so geringer die notwendige Verstärkung und um so niedriger die Empfindlichkeit des lichtwahrnehmenden Organs. Die Empfindlichkeit des Lichtrelais beeinflußt also sehr stark den Empfindlichkeits- und Trägheitsgrad des lichtwahrnehmenden Organs.

Heute besitzen wir in dem Oszillographen-Lichtrelais ein sehr empfindliches Registrierungsorgan, deren Leistungsfähigkeit durch die Verfeinerung der Dimensionen des schwingenden Systems, durch die Steigerung der Entfernung der Projektion usw. noch in äußerst hohem Maße gesteigert werden kann. Vorläufig ist aber für das Fernsehen der Oszillographen-Lichtrelais vielleicht das einzig geeignete Registrierungsinstrument. Allerdings stellen seine mechanischen Sonderheiten der Zahl der Bildelemente eine Grenze. Diese Grenze entspricht aber nicht nur den leidlich praktischen Erfordernissen, sondern ermöglicht scheinbar selbst die weitgehendsten Ansprüche. Eine andere naheliegende Möglichkeit ist die Kerr-Zelle, die vorläufig zwar noch nicht über eine befriedigende Empfindlichkeit verfügt, mit der man aber vor nicht allzu langer Zeit eine 60fache Empfindlichkeitserhöhung erzielen konnte, indem man als füllende Flüssigkeit, statt Schwefel-Kohlenstoff, Nitrobenzol verwendete. Es ist auch die Möglichkeit vorhanden, daß durch weitere Forschungen auf diesem Gebiete, durch Aenderung der Dimensionen usw. die Kerr-Zelle die notwendige Empfindlichkeit erreichen wird.

Eine andere noch zu untersuchende Frage ist die Verminderung bzw. die gänzliche Vermeidung der bekannten Lichtverluste, denn wie wir gesehen haben, verursacht bei der Kerr-Zelle die bei den heutigen künstlichen Lichtquellen auf die Flächeneinheit fallende Lichtintensität große Schwierigkeiten. Diese Frage kann natürlich — wenn auch hierzu wenig Aussicht vorhanden — mit Hilfe einer neuen Lichtquelle, bei welcher die Flächeneinheit mehr Licht liefert, gelöst werden.

Die bei dem Fernsehen vorkommenden, sich periodisch ändernden und wieder verschwindenden, aus Lichtpünktchen bestehenden Bildelementreihen — damit sie in unser Auge das notwendige Trägheitsmoment auslösen — müssen über eine gewisse Lichtstärke verfügen. Dieser Umstand wurde schon bereits erwähnt. Die Frage der Lichtstärke der Bildelemente hat wiederum — wie aus den vorhergehenden Kapiteln hervorgeht — einen bedeutenden Einfluß auf die Verwendungsmöglichkeiten des Lichtrelais. Ebenso übt es einen Einfluß auf die Frage der Lichtquellen des Lichtrelais aus. Die Bildelemente, die evtl. schwach mit nicht genügender Lichtstärke reproduziert werden, könnten einen nicht bemerkbar schwachen Lichteindruck auf die Augen ausüben und auf diese Weise wären nur die sehr hellen Bildelemente sichtbar. Deren geringe Zahl bedeutet aber wieder eine gewisse Frequenzverminderung, und so wäre das Bild nicht auf einmal wahrnehmbar, sondern wir könnten nur das Vibrieren der starken Bildelemente sehen. Eben darum muß der die Bildelemente aufnehmende Schirm (z. B. eine Mattscheibe) vor jeder Vorbelichtung sorgfältig geschützt, auf einer gänzlich geschlossenen, nur durch eine Beobachtungsöffnung sichtbaren Stelle untergebracht werden. Eine andere aussichtsreiche Erleichterung zur zeitweiligen Fixierung der schwindenden Bildelemente ist folgende: Den lichtaufnehmenden Schirm überziehen wir mit phosphoreszierenden Präparaten, deren Nachwirkungen dem Auge bei der Wahrnehmung der schwachen Bildelemente behilflich sind. Selbstredend dürfen diese Nachwirkungen nicht länger dauern wie die Projektionszeit einer Bildelementenreihe, sonst — besonders bei der Umwertung sich bewegender Gegenstände — kann die neue evtl. geänderte Bildelementenserie die klare Beobachtung nachteilig beeinflussen.

Die Untersuchung solcher phosphoreszierender Schirme und die Versuche zur Erzielung besserer Resultate bzw. besserer Lichteffekte können evtl. auch zu positiven Erfolgen führen, besonders, wenn man zwecks Lichtrelais die Braunschen Röhren verwendet. Die Tatsache, daß diese Röhren mit Hilfe eines Magneten ablenkbar sind, macht sie theoretisch zur Herstellung eines trägheitslosen Lichtrelais geeignet. Da aber die sichtbare Strahlung dieser Röhren blaß ist, sind sie zur Bildung von einer größeren Zahl sich schnell ändernder Bildelemente ungeeignet. Wenn wir aber durch Verwendung eines geeigneten phosphoreszierenden Schirmes diese unbemerkbar blassen Bildelemente durch die Erregung des Schirmes sichtbar machen könnten, so würde sich diese Lage sofort ändern. Die Anwendung der Braunschen und anderen Röhren zum Zwecke des Fernsehens hat noch eine andere Schwierigkeit. Die Strahlenbündel-Ablenkung erfordert nämlich die Erzeugung eines relativ stark magnetischen Feldes. Seit dem Gebrauch der Röhrenverstärker stellte sich hier eine günstige Wendung ein. Die bisherigen Verstärker sind aber leider noch nicht imstande, die Bildströme, die beim praktischen Fernsehen erforderlich, bis zu dem gewünschten Maß zu verstärken.

Aus all diesem ist deutlich ersichtlich, daß auch die Entwicklung der Verstärkertechnik für die weitere praktische Entwicklung des Fernsehers äußerst wichtig ist. Die unbegrenzte Verstärkung der durch das lichtempfindliche Organ gelieferten unendlich kleinen Bildströme würde den Gebrauch einer Reihe solcher physikalischen Erscheinungen ermöglichen die an und für sich trägheitslos sind, deren Empfindlichkeit aber ohne solcher Verstärkung für das Fernsehen nicht genügend ist. So z. B. würde selbst der Bildzusammenleger-Apparat durch die Anordnung der Braunschen Röhren — um nur diesen Fall zu erwähnen — unnötig. In den Braunschen Röhren wäre nämlich zuerst das eigentliche Lichtrelais enthalten, d. h. die Strahlen, die zwischen zwei Diaphragmen durchgelassen werden, würden durch ein Magnet, den Bildströme durchfließen, reguliert werden. Der Strahlenbündel würde in seinem durch das Diaphragma austretenden Teil zwischen ein zweites elektromagnetisches System durchgehen, daß das in seiner Intensität veränderliche Strahlenbündel unter der Wirkung der künstlich hergestellten Stromänderungen auf eine dichte zickzackartige Linie sich zu bewegen zwingen würde. Der Strahlenbündel würde dann die dichten, sich miteinander berührenden Zickzacklinien auf einen phosphoreszierenden Schirm projizieren. Die Empfangsstation wäre auf diesem Wege sehr kompendiös zu machen. Dies zu erreichen wäre aber die Grundbedingung, das die unbegrenzte Verstärkung der Bildelemente bei Verwendung einer möglichst kleinen Anzahl von Röhren auch praktisch bis zu einem unbegrenzten Grad möglich werde.

Eine geeignete Verstärkereinrichtung ist übrigens auch bei der Frage der Uebertragung äußerst wichtig, wenn man nämlich die Bildelementenimpulse auf die Trägerwellen des drahtlosen Senders übertragen muß. Je ausdrucksvoller und größer die Bildimpulse sind, um so größer wird auch die Möglichkeit sein, mit Trägerwellen zu senden bzw. mit mehreren nebeneinanderstehenden Sendestationen auf einmal mehrere Wellen selektieren zu können. Besteht aber diese Möglichkeit, so sind wir auch imstande, auf einmal, zu gleicher Zeit die Uebertragung mehrerer Bildelemente zu vermitteln, das heißt die Uebertragungsfrequenz der Bildelemente wird sich um so mehr vermindern. Wenn z. B. die Uebertragung eines aus 10 000 Bildelementen bestehenden Bildes in der Sekunde viermal erforderlich ist, so bedeutet dies, übermittelt auf einer einzigen Trägerwelle, 40 000 Aenderungen in der Sekunde. Diese Zahl würde sich aber bei der Verwendung von zwei Trägerwellen auf 20 000, bei vier Trägerwellen auf 10 000, bei 10 Trägerwellen auf 4000 vermindern. In diesem Falle ist es natürlich, daß das aus 10 000 Bildelementen bestehende Feld in soviel Teile geteilt ist, wieviel Trägerwellen zur Verfügung stehen. Auch ebenso viele lichtwahrnehmende Organe wären auf der Sendestation notwendig und die gleiche Zahl von Lichtrelais und Syntätisierungsapparate auf der Empfangsstation.

Bei der auf diese Weise erzielten Verminderung der Frequenz würde ein jedes Bildelement bedeutend längere Zeit das lichtempfindliche Organ beeinflussen, also auf der Sendestation würde sich die Amplitude der verursachten Impulse steigern, ebenso wäre auf der Empfangsstation die ausnützbare Modulation größer, man müßte also das System weniger empfindlich nehmen, und so wäre es auch für die äußeren störenden Momente weniger empfindlich.

Eine einfache Lösung der auch praktisch unbegrenzten Verstärkung würde also die befriedigende Lösung aller Teile des Fernsehers erleichtern. Eben deswegen befördert eigentlich die Entwicklung der Verstärkertechnik und die der Radiotechnik automatisch die praktische Entwicklung des Fernsehens. In dieser Beziehung wäre folgendes zu untersuchen.

a) Eine Möglichkeit zu finden, mit einfachen Mitteln die Verstärkung unbegrenzt steigern zu können.

b) Zu versuchen, bei mit kurzen Wellen arbeitenden Sendern mit mehreren voneinander nicht allzu fern liegenden Wellen ganz separiert senden zu können, und auf der Empfangsstation deren vollständige Selektierung ohne besondere Komplikationen zu erreichen.

c) Versuche anstellen, damit auf derselben Trägerwelle zu gleicher Zeit mehrere Impulsserien übertragbar sein sollen.

d) Zuletzt — und das wäre nur eine Analogie des in den vorherigen Punkten enthaltenen — Versuche zu unternehmen, zur Uebertragung mit Draht, und zwar so, daß wir zugleich an den zwei Enden derselben zwei Leitungspaare Resonanz-Stromkreise erzeugen. Es wäre also eine derartige Einrichtung — mit z. B. Stimmgabel-Resonanz-Relais notwendig —, wie sie bei dem Mercadierschen Multiplex-Telegraphen vorkommt. Beim Fernsehen ist natürlich auch das quantitative Arbeiten des Resonanz-Relais nötig.

Diese letzte Möglichkeit bedeutet allerdings eine starke Einschränkung des Fernsehens, und nur der Vollständigkeit halber erwähne ich sie.

Die Frage der Zerlegung (auf Bildelemente) und der Bildzusammensetzung (Bildanalyse und Bildsynthese) ist heute sowohl in theoretischer wie auch in praktischer Hinsicht als vollkommen gelöst zu betrachten.

Die Zahl der Elemente ist bei der Uebertragung von größeren Objekten (Porträts usw) bei $^1/_4$ mm² großen Bildelementen hinreichend, bei $^1/_9$ mm² großen Bildelementen vollkommen. Bei aus feineren Einzelheiten bestehenden Bildern ist die Teilung auf $^1/_9$ mm² große Bildelemente als ausreichend, die Teilung auf $^1/_{16}$ mm² als vollkommen anzusehen.

Der Zusammenhang zwischen der primären und der sekundären Zerlegung des Zerleger- bzw. Zusammensetzungsapparates ist bekannt. Bis die primäre Zerlegung in der Breite des Bildes einmal vor sich geht, läuft das sekundäre Zerlegerorgan soviel Streifen ab, wie oft die Breite des gewählten Streifens in der Bildbreite enthalten ist.

Ist das Bildelement 1 mm² groß, so sind die sekundären Streifen auch 1 mm breit.

Ist das Bildelement $^1/_4$ mm² groß, so sind die sekundären Streifen $^1/_2$ mm breit. Bei $^1/_9$ mm² großen Bildelementen sind sie $^1/_3$ mm breit, bei $^1/_{16}$ mm² $^1/_4$ mm breit. Die verschiedenen Möglichkeiten der Zerlegung und Zusammensetzung haben wir in dem vorhergehenden Kapitel eingehend erörtert. Wir stellten auch fest, daß alle diejenigen Verfahren, die die Zerlegung bzw. Zusammensetzung des Bildes mit verschiedenen sich drehenden Scheiben, mit Trommeln, mit sich bewegenden drehenden Teilen, mit Linsen, Spiegeln oder mit Prismen zu lösen glaubten, keine ernsten Aussichten haben. Bis zu einer gewissen Zahl der Bildelemente können allerdings auch diese Konstruktionen ihre Aufgabe erfüllen, handelt es sich aber um ein annähernd so großes Bild und so feiner Teilung, wie es den praktischen Erfordernissen entspricht, so erfordern diese Konstruktionen entweder sehr große Dimensionen oder eine sehr hohe Umdrehungszahl, außerdem ist der Lichtverlust, welchen das Bild hauptsächlich bei der Zerlegung verursacht, unersetzlich.

Diejenigen Projekte, die die Bildzerlegung und Zusammensetzung mit der elektrischen Beeinflussung eines lichtbrechenden Mittels lösen wollen — wenn dies auch gewisse Aussichten hat —, sind, da das Maß der verursachten Aenderungen sehr gering ist, heute praktisch noch nicht verwendbar. Gewisse Möglichkeiten sind aber auch in dieser Richtung vorhanden, so könnte man durch systematische Experimente eine Flüssigkeit finden, die besser reagiert als Schwefelkohlenstoff und Nitrobenzol.

Trotz alledem besitzen wir heute in dem Oszillographen-Analysator und -Synthetisator einen Apparat, der in der Sekunde 150 000 bis 180 000 Sekundärstreifen erlaubt (50—90 000 Schwingungen in der Sekunde), d. h. wir können das Bild in jeder Sekunde auf diese Zahl von Streifen zergliedern. Wenn wir 90 000 halbe Schwingungen — die niedriger sind als selbst die untere Grenze — und die Aenderung von drei Bildelementen in der Sekunde annehmen, so bedeutet das 30 000 Sekundärzerlegungen während einer primären Zerlegung. Bei einem 10 cm^2 großem Bilde würden 300 Streifen auf einen Millimeter kommen, was 900 Bildelemente pro Quadratmillimeter bedeutet. Und 9 000 000 Bildelemente bei einem 10 mal 10 cm großem Bild, d. h. es ist mit Leichtigkeit eine Teilung von solcher Feinheit möglich, daß die Feinheit dieser Teilung die notwendige Feinheit um das 100fache überragt. Zu diesen Zerlegungsmöglichkeiten, die die Konstruktion erlaubt, kommt auch noch der Vorteil, daß der Lichtverlust des Bildes hierbei relativ gering ist. Der Apparat ist nicht groß, und sein Arbeitenlassen erfordert eine kleine Energie.

Als Fehler der Konstruktion könnte der Umstand angesehen werden, daß die Linienführung der Bildzerlegung nicht in pünktlich miteinander parallelen Streifen geschieht, sondern auf einer Sinuskurve ähnlichen Bahn, bei welcher die Wellen fast dicht nebeneinandergedrängt sind. Wollen wir nun, daß diese Linien sich allüberall berühren sollen, so ist es vorläufig unausweichbar, daß sich kein Decken bei gewissen Punkten einstellt. Diese Deckungsplätze verursachen in der Praxis keine größere Störung (da sie sich ja, sowohl beim Sender wie auch beim Empfänger gleich und synchron einstellen), höchstens könnten gewisse Elemente des Bildes oben und unten ganz oder teilweise auch zweimal während der Dauer einer Primärzerlegung übertragen werden (siehe schematische Abb. 101). Auf der Sendestation kommt diese Tatsache dadurch zum Ausdruck, daß die Bildebene an diesen doppelt gestreiften Plätzen über größere Intensität verfügt und so das Bild bis zu einem gewissen Grade schraffiert wird. In der Praxis kann hier folgendermaßen geholfen werden: Wir nehmen die sekundären Schwingungen des Spiegels größer auf als die Höhe des Bildes ist und gebrauchen nur den mittleren Teil der Streifen. Eine andere Lösung wäre, wenn die primäre Bewegung des Spiegels intermittiert ist, d. h. die seitliche Bewegung des Bildes müßte sich immer dann einstellen, wenn die optische Achse des Spiegels die oberste oder unterste Bewegung der vertikalen Schwingung vollführt.

6. NACHWORT.

Anwendungsgebiete des Telehors.

Die Verwirklichung des hier zuletzt angegebenen „Telehor-Modells“ in einer wirklich praktischen Zusammenstellung war bisher unmöglich, trotzdem jeder Bestandteil desselben vorhanden ist und jede einzelne Funktion derselben durch Versuche geprüft wurde und die Grenzmöglichkeiten mit größter Sorgfalt nachgeprüft wurden. Die in Ungarn auch noch heute herrschenden ungeklärten wirtschaftlichen Zustände, die schwierigen finanziellen Verhältnisse, haben das Bauen des endgültigen Modells bisher vereitelt und inzwischen haben die bei der Gruppierung der Unterstützung der Versuche eingetretenen Aenderungen den ruhigen Weiterlauf der Untersuchungen unmöglich gemacht. Daß aber die Zusammenstellung in der Hauptsache nur mechanische Arbeit erfordert und daß das regelmäßige Funktionieren der Vorrichtung sicher ist, darüber ist — glaube ich — jedermann überzeugt, der das Vorstehende aufmerksam durchgelesen hat und der über einige experimentelle Uebung verfügt.

Nach dem heutigen Stande der Dinge ist es zu hoffen, daß die Fortsetzung der Versuche binnen kurzem erfolgen kann und zwar diesmal auf entsprechenderem Terrain, in Berlin, was schon deshalb wichtig ist, weil ich so die bisher mit Dank erhaltene Unterstützung der deutschen Technik unmittelbar in größerem Maßstabe genießen werde, und was in Ungarn große Schwierigkeiten verursachte — das Anschaffen der nötigen Instrumente und Materialien — ist hier viel leichter und rascher zu verwirklichen.

Wenn dieses Modell fertig ist, bleibt nur noch übrig, den Apparat kleiner und einfacher zu gestalten, — besonders von dem Gesichtspunkt aus, daß die Handhabung womöglich keine Fachkenntnisse und Uebung erfordern soll. Eine spätere Aufgabe wird es sein, das Bild in seinen natürlichen Farben zu übermitteln, was keine besonderen Schwierigkeiten verursacht, nur die Anordnung etwas komplizierter macht. Dennoch harrt hier eine Aufgabe der Lösung, welche übrigens schon lange Gegenstand meiner Untersuchungen ist, — nämlich solche Selenzellen herzustellen, deren Dunkelwiderstand und Empfindlichkeit genau die gleichen sind. Obzwar diese Schwierigkeit schon teilweise überbrückt ist, nachdem die neuerdings hergestellten Zellen — wenigstens Stücke derselben Serie — annäherungsweise von derselben Empfindlichkeit und demselben Widerstande sind, ist dennoch zu der farbigen Uebermittlung eine noch genauere Uebereinstimmung nötig.

Die Verwendbarkeit und Zukunft des „Telehors" genau festzustellen ist wegen der Vielseitigkeit kaum möglich.

Als Schnelltelegraph ergibt es die idealste Lösung. Es vermag in der Sekunde etwa 10 Bilder bzw. Schriftblätter in ihrer ganzen Originalität als Handschrift mit Stempeln, Unterschriften, Bildern, Skizzen usw. zu übermitteln, wobei es, sowohl was die Schnelligkeit als auch die Verwendbarkeit anbelangt, sämtliche bisherigen Schnelltelegraphen übertrifft.

Im Dienste der Polizei vermag man mittels des Telehors innerhalb einiger Sekunden sozusagen sämtliche offiziellen Organe der Welt, sämtliche Pressestellen genau über alle Details eines Verbrechens zu informieren. In demselben Momente, wo die Beschreibung der Tat übermittelt wird, kann man auch die eventuell vorhandene Photographie des Verbrechers, seine Handschrift, Daktyloskopie, die Abbildung des Corpus Delicti usw. übermitteln, wodurch die Nachforschung der Sache unendlich erleichtert wird.

Abgesehen von den Vorzügen für die Presse, indem sie interessante, mit wichtigen Ereignissen verknüpfte Bilder, sozusagen innerhalb weniger Sekunden zur Veröffentlichung der ganzen Welt zur Verfügung stellt, ermöglicht es, daß an verschiedenen Stellen der Erde, nach dem Beispiel des Kinematographen, Theater aufgestellt werden, welche im Wege einer Zentralorganisation überall Berichterstatter unterhalten, welche ihre Apparate auf dem Schauplatze der einzelnen interessanten Vorkommnisse aufstellen, um dieselben an alle entsprechenden Orte sofort weiterzugeben. So könnte man die interessanten Begebenheiten, z. B. Feste, Wettrennen, Boxkämpfe usw. in den Theatern zu der gleichen Zeit sichtbar machen, wenn sie geschehen.

Als Schnelltelegraph hat er auch im Geschäftsverkehr große Bedeutung, besonders wegen des Umstandes, daß er den entfernten

Geschäftsparteien sozusagen das volle Zusammensein, die Originalunterschrift, Abstempelung, Verifizierung des Vertrages durch den Notar ohne Reise ermöglicht, und zwar in Fällen, wo die Parteien vielleicht Tausende Kilometer voneinander entfernt sind.

Besonderes Gewicht kommt dem Telehor als Kundschafterinstrument bei der Armee zu. Eine auf einem Flugapparat angebrachte Bildaufnahmestation, welche auf drahtlose Uebermittlung eingerichtet ist, gibt sofort auf beliebigen Stellen die genauen Stellungen des Feindes zu wissen, die Artilleriestellungen, Truppenbewegungen, Einschläge der eigenen Artillerie, und gibt somit zahlreiche Möglichkeiten zum „Einschießen“ der eigenen Artillerie. Nicht minder wichtig ist der Umstand, daß der Generalstab zu jeder Zeit innerhalb weniger Sekunden sich über die genaue Verteilung der eigenen Truppen informieren kann und gibt somit die Möglichkeit einer vollkommen zentralisierten Leitung.

Im Privatverkehr kann das Telehor den alten und oft aufgetauchten Wunsch verwirklichen, daß ferne Verwandte, Zugehörige bei der Zwiesprache sich auch sehen können.

In wissenschaftlicher Hinsicht bedeutet das Telehor besonders in der Astronomie und Tiefseeforschung eine wichtige Neuerung, unter welchen besonders die letztere durch unmittelbare und eingehende Forschung des Meerbodens nicht nur zur Entdeckung neuer Dinge, sondern auch zu geschäftlichen Forschungen die Möglichkeit bietet.

Diese Verwendungen sind es, an die man in Verbindung mit dem Telehor in der Schnelligkeit denken kann, es ist aber unzweifelhaft, daß, wie auch schon jetzt, noch an viele Anwendungen gedacht werden kann, die Praxis deren Kreis noch erweitern wird. So ist es z. B. zur Erforschung aller jener Plätze zu verwenden, wohin der Mensch derzeit wegen besonderer Verhältnisse nicht gelangen kann.

Immerhin kann man schon im voraus feststellen, daß das Telehor, wenn ein entsprechend handlicher, einfacher Apparat daraus entwickelt ist, ein noch wichtigeres Hilfsmittel der Menschheit wird, als es in den letzten Dezennien das Telephon geworden ist.

Wenn ich dies im Vorworte dieser Abhandlung erwähnt habe, ist mein Zweck die Erweckung des allgemeinen Interesses und der Ansporn der Forscher zum Befassen mit diesem Thema gewesen, und, indem ich meine Darlegungen der Oeffentlichkeit übergebe, möchte ich noch bemerken, daß ich mich ernstem Interesse nicht verschließe und sehr gerne noch genauere Details über alle angegebenen Daten zur Verfügung stelle, ja, auf Wunsch sind die beschriebenen Versuchs-Anordnungen zu besichtigen, um so mehr, da nach meiner Ueberzeugung nur die von mehreren Seiten angefangene, auf ein Ziel gerichtete Arbeit es ermöglichen wird, das heute in dem Anfange seiner Entwicklung befindliche Fernsehen um so eher in den Dienst der Menschheit, der Kultur zu stellen.

Indem ich diese zusammenfassende Schrift über meine Forschungen schließe, sei es mir zur Ermutigung meiner in anderer Richtung forschenden Kollegen gestattet, auf die vor 15 Jahren erschienenen Schlußzeilen des Buches von A. Korn hinzuweisen: „Kehren wir nun aber wieder auf den Boden der Wirklichkeit zurück, so kommen wir doch zu dem Resultat, daß mit den uns zurzeit bekannten Hilfsmitteln das Fernsehen in einer praktisch ausführbaren Form — mit Hilfe einer Leitung oder einer kleinen Zahl von Leitungen — nicht gelöst werden kann“, zu antworten: nil desperandum, was vor 15 Jahren als unmöglich erschien, oder auch manchem heute noch erscheint, kann von heute auf morgen möglich werden und, wenn die bekannten Hilfsmittel nicht entsprechend sind, müssen wir uns an die noch unbekannten wenden. Auf dem Gebiete der physischen Forschungen ist die Menschheit samt dem Forscher oft aus der schönen Traumwelt zur noch schöneren Wirklichkeit erwacht.

Druck von Siegfried Scholem, Berlin-Schöneberg.

www.ingramcontent.com/pod-product-compliance
Lightning Source LLC
LaVergne TN
LVHW081336011026
849161LV00013BB/2933
* 9 7 8 3 1 1 2 6 9 5 3 5 7 *